新版

野草の手紙

草たちと虫と、わたし
小さな命の対話から

ファン・デグォン
清水由希子＝訳

自然食通信社

装幀：橘川幹子
本文 DTP：パラゴン（権左伸治）

新版
野草の手紙

もくじ

2 小さな命という宇宙——安東刑務所にてⅡ

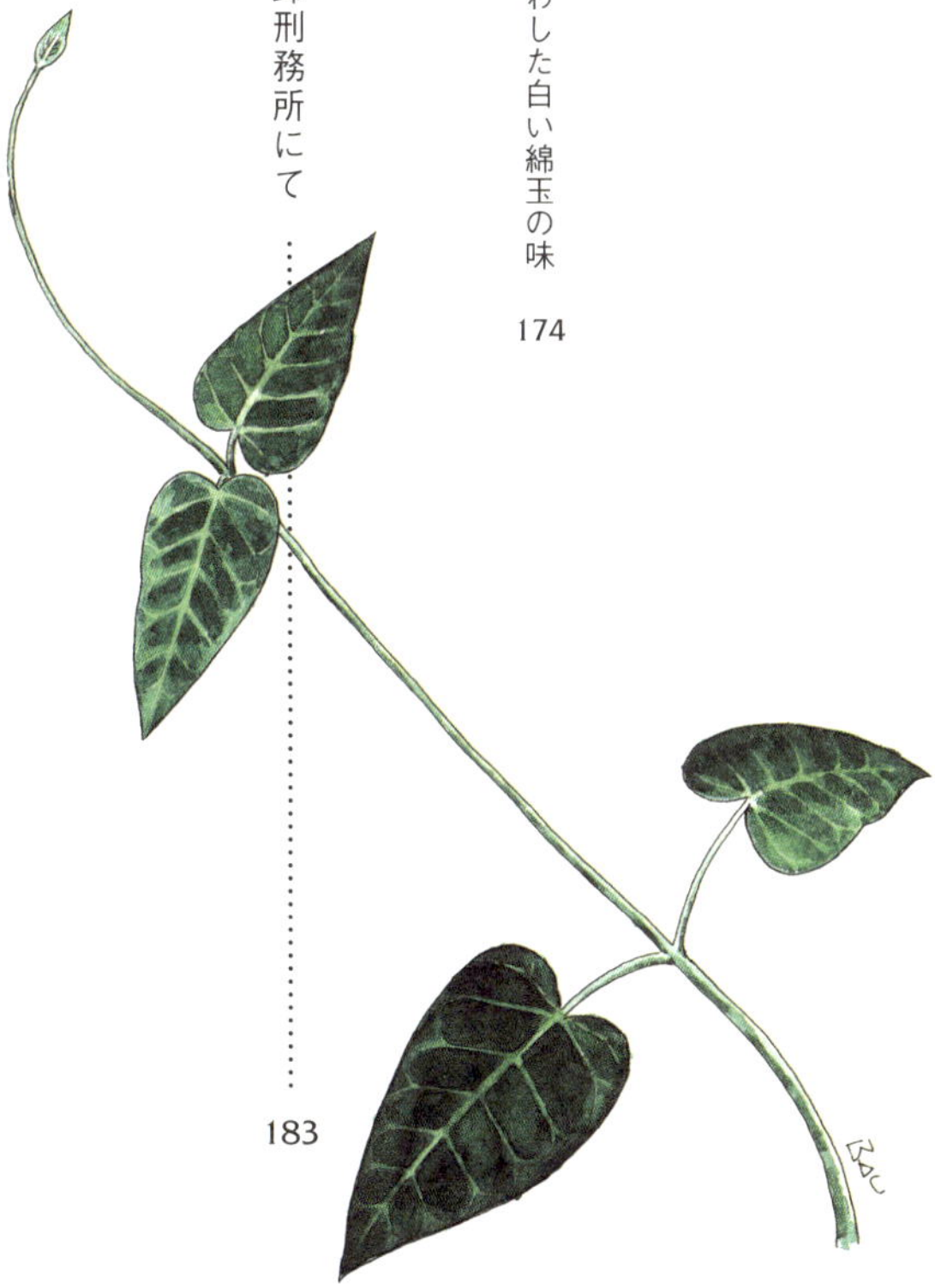

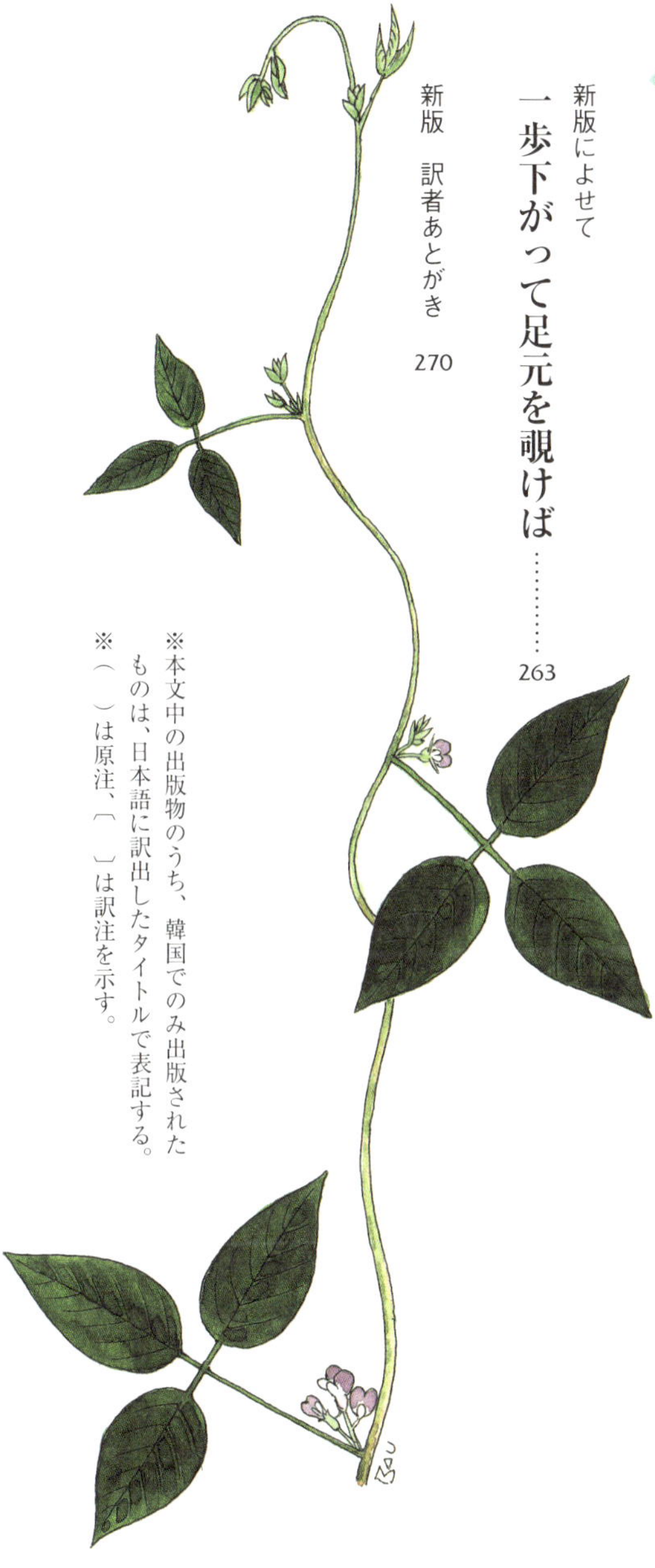

※本文中の出版物のうち、韓国でのみ出版されたものは、日本語に訳出したタイトルで表記する。
※（　）は原注、〔　〕は訳注を示す。

序 すべて生きものは世界を美しくするために

辻 信一

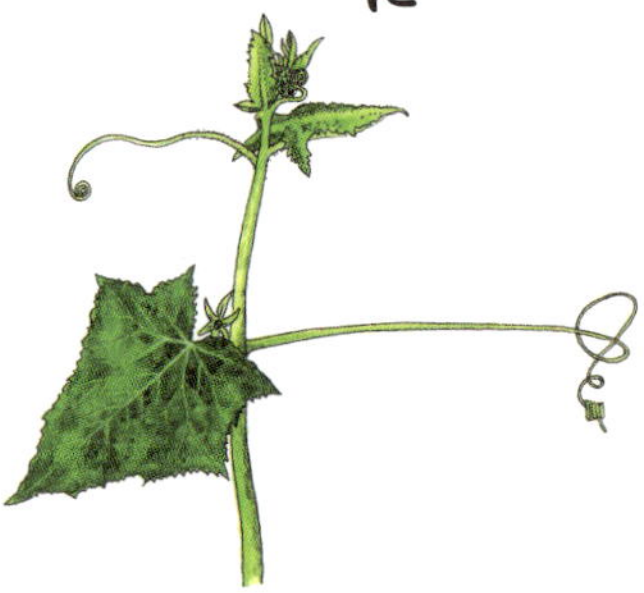

『野草手紙』は、政治犯として投獄され日記さえ禁じられたファン・デグォンが、唯一書くことを許された週に一度の妹宛ての書簡と、そこに添えられた野草などのスケッチをまとめたものだ。一九九八年の特赦による釈放後、四年を経た二〇〇二年に韓国で出版されると、たちまちベストセラーとなる。それは、野草との交流を通じて、自らの体と心と魂を癒しながら、独自のエコロジーと平和の思想を紡いでいく著者の、はるかなる歩みの記録である。

『野草手紙』は世紀の名著だ。百万部を超える大ベストセラーだが、日本では、邦訳版が多くの読者を得られぬまま絶版となっていた。そのことを、現代日本社会にとっての不幸だと感じてきたぼくにとって、こうして、本書が新しい旅立ちの時を迎えたことは大いなる歓びだ。

まずは、著者ファン・デグォン（黄大権）のことを紹介しよう。

話は一九八五年にさかのぼる。留学先のアメリカから一時帰国した直後に、ファンは突然、国家安全企画部（ＫＣＩＡ）によって令状もなしに拘束された。２か月にわたる拷問の末、無実の国家反逆罪で死刑を求刑された後、「無期懲役」が確定。結局、韓国に金大中《キム・デジュン》大統領率いる本格的な民主主義政権が誕生する九〇年代後半までの十三年余りを、独房で過ごした。

投獄から五年、無実を訴え続けて、さまざまな抵抗を試みたがすべて失敗に終わり、ファンは心身ともに疲弊しきっていた。絶望の淵で、彼はふと、刑務所の片隅にそっと生きている虫や雑草に目をとめた。そしてそこに、自らのいのちと連なる生命の営みを見出したのだった。獄中で野草の研究に没頭、その薬草としての効能にも助けられて次第に心身を回復した彼は、しまいには百種以上からなる野草園を刑務所内につくりあげる。

釈放後、ファンは国際人権団体アムネスティ・インターナショナルの招きで渡欧、ロンドン大学インペリアルカレッジで農業生態学を学ぶ。その後、現在まで、韓国・霊光《ヨングァン》の山中で自給的な暮らしを営みながら、エコロジーと平和の運動を展開、〝生命平和村《マウル》〟というエコビレッジを建設中だ。フリースクールを中心に、生命と平和というテーマを学びながら共に生きる者たちのコミュニティが姿を現しつつある。

ファンによれば、日本による植民地支配、朝鮮戦争や軍事独裁政権による統治、そして近年の急激な近代化や経済成長という歴史をたどってきた韓国には、死刑、拷問、軍事基地、原発といった現代世界を象徴する構造的暴力が凝縮している。しかし、だからこそ、他の国にもまして多くの人びとが、いっそう切実な思いを抱いて、平和でエコロジカルな生き方を目ざして動き始めているという。生命平和村が、そうした新しい時代の生き方のモデルとなることを、ファンは願っている。

『野草手紙』に感銘を受けて以来、ぼくは、この美しい本の著者といつか会ってみたいと思っていた。何回かのニアミスの後、やっと念願がかなったのは二〇一〇年。たちまちその人柄に魅了されたぼくは、仲間たちと、彼へのインタビューを中心とする映像作品の制作にとりかかった。完成したのは二〇一三年、題して『ファン・デグォンの Life is Peace with 辻信一』。

「Life is Peace」というDVDのタイトルは、ファンの言葉、「生命の本質は平和である」から来ている。暴力に満ちた人生を経てファンが行き着いた、これが結論なのだ。

日本の大学生たちを前に彼がこう語ったことがある。

――多くの人が、わたしが〝苦しみを克服した〟という言い方をするのですが、克服したわけではなく、全部を受け入れて、苦しみもろとも自分が全部破壊されたということです。

それはファンが、自分は「獄中で二度死んだ」という、その二度目のときのことだ。その〝死〟から、新しい命が始まった、と彼は言う。そして、自分がしがみついてきたものが、全部無意味だということに気づいたときにこそ、新しい道が見えるものなのだ、と。

その新しい道へと彼を導いたのが、ありふれた野草と虫たち、そして無数の微生物だった。それらが息づく低い場所へと降り立ち、それらと交じり合うことによって、彼は甦った。彼にとって野草とは、「人間が自然へと回帰するための扉」なのだ。

一方、それら小さきものたちを忌避することによって、現代文明は崩壊の危機に喘ぐことになったのである。ファンは獄中での日々の瞑想についてこう語った。

――わたしは想像しました。わたしが吸う息のなかには、この世に存在するすべての生きものたちが吐いた息がある。そしてわたしが吐き出す息を、他の生きものたちが吸う。呼吸を通じて、存在するすべての生きものたちとつながっていることを、わたしは感じました。

続けて、彼は若者たちにこう語りかけた。

――人間だけではなくすべての生きものが、この世界を美しくするために生まれてきた存在なのです。道端の草や花、その間に生きる虫、そして人間。すべてが同等の価値をもっています。みんな、〝命の饗宴〟というパーティーに招待された存在だと思えばいい。そしてそのなかでの自分の居場所を見つけさえすればいいのです。

生命平和思想家としての、そして変革者としてのファンの姿は、あのマハトマ・ガンディーをほうふつとさせる。日本でのある講演会で、彼はこう語っている。

――社会変革運動においても、わたしにできる最善のことは、「よく生きる」こと。そしてその生き方が世界の理と調和していれば、きっと〝共鳴〟は起こります。しかし、運動家たちの多くは、この考え方は消極的すぎると批判します。しかし、これが長く運動に携わり、長く獄中に暮らしたわたしが得た結論です。世界を変えることはできなくても、自分を変えることなら可能です。ひとり、またひとりと自分を変えていく。世界が変わるとはそういうことなのです。そしてあるとき、突然、共鳴が起こって世界は大きく変わるでしょう。

「井のなかの蛙大海を知らず」という諺には、続きがあることを友人が教えてくれた。それは、「されど、井の深さを知る」。

十三年余に及ぶファンの独房生活は、まさに、そのことをぼくたちに教えている。他方、経済成長やグローバル化の名のもとに、ＩＴを駆使して自らの世界を拡張するはずだった現代人が、ますます社会から疎外され、自然から分断されて、その意識もまた偏狭になり続けているのは、なんという皮肉だろう。とくに、３・11東日本大震災とそれに続く福島原発事故の経験を活かして、科学技術万能主義と経済成長至上主義からの大転換を果たすべき日本人にこそ、〝井〟のなかで育まれたファンの深い思想が必要となっているのだとぼくは思う。

獄中でファンが写生したスケッチには、「BAU」という小さな文字が添えられている。その「バウ」は古い朝鮮半島の言葉で「石ころ」を意味する。獄中での拷問に耐え切れず、絶望の果てにカトリックに入信し、洗礼を受けたとき、西洋風の名前をもつことに違和感を覚えたファンが、「石」を意味する聖徒ペテロの名にちなんでつけた自己流の洗礼名なのだそうだ。石は石でも、路傍の、ちっぽけな、名もない石ころである。

その〝バウ〟が、たったひと坪の小さな檻のなかでゆっくりと編み出した壮大で深淵な世界に、ようこそ。

（文化人類学者・環境活動家・NGOナマケモノ倶楽部世話人）

1

野の草を育て食す

——安東刑務所にてⅠ

山を下りる途中、こんなことを思った。目の前に広がるこの草むらを、ひと坪だけ切り取って刑務所の運動場に持ち込めたら、どれほどいいことか……。そうすれば、運動時間のあいだじゅう、その草地に入り浸って過ごすことができるのだ。

わたしの小さな野草園

ソナ、この前おふくろを連れて面会に来てくれた日、ソウルまでは無事だったか？　遠い道のりだが、車窓から眺める新緑の山々は格別だったはずだ。このところ、ずっと雨に恵まれているから、山の若い草々も大喜びだ。小さな花壇に植えた野草も、今ではすっかり根を下ろし、甘い春の雨を全身で受け止めてすくすくと育っている。

それにしても、わたしには、空から落ちてくる雨がただの水とはとうてい思えない。晴れた日に、せっせと水をやったところでせいぜい枯れずにすむくらいのものなのに、雨ともなると、まるでそれに応えるかのように勢いづくのだ。雨の降った翌日、運動のために外へ出て草たちを眺めると、見違えるほどみずみずしくなっていた。一日のうちにすっくと伸びた背が、なんとも自慢げだ。天地の「気」をたっぷり含んだ水を心ゆくまで浴びたのだから、元気になるのも当然だろう。

これまで、わたしが各地から持ち込んできた草花を挙げてみよう。ナズナ、スミレ、カタバミ、ニガナ、ミチヤナギ、ノゲシ、キツネアザミ、ノボロギク、タネツケバナ、ノミノフスマ、アカザ、ヨモギ、カワラヨモギ、サンチュ〔チシャ〕、キュウリグサ、それに、種を蒔いて発芽させるところから始めたアサガオとリンゴの木、クワの木……。スミレはもうみな散ってしまって、今はちょうどニガナの花が真っ盛りだ。いまだ名前を確認できずにいるのが数種類あるのだが、いつかつきとめたら教えてやろう。なぜこんなにも、花の名前を知っているのかって？　じつは、本格的に野草の勉強がしたくなって、今月、なんと五万ウォン〔一九九二年当時で約八千円〕もの巨額投資をして野草図鑑を買ったのだ。堅実な出版社から出たばかりの『山と野原の季節の植物』という本で、これまで出版されてきた図鑑のなかではいちばんしっかりしている。ただ、どことなく説明不足の感があるうえ、どうにも絵が気に入らない。複数の人が手分けして描いているから一貫性はないし、精密度や描写力も西洋のものと比べると、まだまだなのだ。そうは言っても、この国の基礎科学のレベルがこの程度なのだから仕方あるまい。高校の校長をするかたわら、とてつもない偉業をなした著者の尽力に感謝しつつ、ペンを置くとしよう。

（1992・5・14）

ハツカネズミというやつら

午後の運動に出たら、すっかり暑さにやられてしまった。本格的に夏が始まったらしい。今週からは湯の風呂も中断されたから、ちょうどよい具合に暑くなってくれて助かった。だが、花壇に植え替えた野草たちはこの日差しにすっかりまいっていて、目もあてられない状況だ。

先週、大がかりな工事をした。花壇の幅を心もち広げ、となりの棟から新顔の草を何株か抜いてきて植えたのだ。前回、手紙に書いてから、新たに仲間入りした草花を紹介しよう。ケルリソウ、エゾタチカタバミ、ヤナギタンポポ、アキノノゲシ、スギナ、リュウキュウコザクラ……。まだ名前のわからないのがいくつかある。それに、園芸部からマリーゴールドとその苗をもらってきて植えておいた。キクの花ふた株も、やっとの思いで手に入れて植えたのだが、翌日行ってみたらハツカネズミどもに葉という葉をことごとくかじられていた。根本のほうだけがかろうじて残っているありさまだ。不思議なことに、ほかの草にはまったく手をつけず、キクだけを食い尽くしていた。むかし、所内の園芸部に所属していたときにも、やつらが夜通し苗をかじり散らすものだから、ほとほと手を焼かされたものだ。

ここには、やたらとネズミが多い。建物全体がコンクリートと鉄筋でできていて、やつらの居場所などなさそうなのだが、とんでもない。夜になって人気《ひとけ》が失せると、刑務所の庭はすっかりネズミ天国となる。やつらは四方八方から飛び出してきて、ちょこまかと餌を探しまわる。暇な日には、やつらが駆けまわるようすを窓から見ているだけでも退屈しない。ときには、食べ残しの乾パンなどを放ってやって、物好きにも呼び集めてみたりする。塀の外にいた頃には、ネズミなど、見るからに気持ち悪いし不潔だと、避けて通るのが常だった。だが、ここでしょっちゅう目にするうちに情が移ったのか、今では見かけると子犬でも呼ぶように手招きして、いっしょに遊ぼうと話しかけさえするのだ。

この前、こんなことがあった。毛布をはたきに外へ出たら、職員の手で塀の下に仕掛けられたネズミ捕りに大きなネズミが一匹かかって、右往左往していた。ネズミ捕りを持ち上げ、鼻をくっつけるようにして覗きこんだのだが、見れば見るほど愛らしく、どうにも哀れに思えてきた。ずっと眺めているうちに、園芸部にいた頃、彼らを捕まえては次々と殺したことを思い出し、いたたまれなくなって、とうとうネズミの穴に逃してしまった。茶目っ気のある服役囚などは、ネズミを捕まえては首に紐を巻きつけて、運動時間に、まるで犬の散歩でもしているかのように連れて歩いたりする。それは、無味乾燥で退屈きわまりない懲役生活でも、けっして笑顔を忘れまいとして生まれてくるユーモアなのだ。

送ってくれた英語の聖書、ありがたく受け取ったよ。毎日少しずつ読み進めている。語りかけるような文体で読みやすいし、韓国語の聖書では気にも留めなかった部分が急に輝きを放ち、心打たれることもある。そんなときは、感無量だ。懺悔《ざんげ》の時間に神父さまからルカの福音の熟読を薦められたので、最近はその部分を繰り返し読んでいる。この福音の恵みがおまえにも届くといいのだが……。

（1992・6・1）

社会見学

今年に入って初めての社会見学に行ってきた。社会見学というのは、長期囚を塀の外に連れ出して社会に触れさせる行事のことだ。安東《アンドン》での懲役生活がもう五年にもなるわたしは、名所旧跡はだいたい回ってしまったから、同じ場所を再訪することもある。

しかし今日は、これまで話でしか知らなかった臨河《イムハ》ダムを見てきた。以前、水没地区の論争で注目を集めたところだ。それにしても、とんでもない規模の工事をしたものだ。たいていの山が丸ごと沈んでしまったと聞けば、その深さと広さがどれほどのものか、容易に見当がつく。あの底に、青松《チョンソン》までの道路が走っているというのだから、まったくたいしたものだ。竣工してまだ日が浅いせいか、周辺の芝生にはむき出しの地面がところどころ顔を出していたが、安東の新たな観光名所として開発していこうという思惑が垣間見えるダム公園だった。とはいえ、ダム観光というのは、眼前に広がる雄大な人造湖とその向こう岸の山深い緑が織りなす壮大な風景をひとしきり眺めれば、それきりだろう。わたしたちは、あとからガヤガヤと押し寄せてきた高校生の集団に追い出されるようにしてダムを下りた。そこから、すぐ町に出て夕食にしようというのを、担当官に頼み込んで、草地でしばし休憩をとることにした。いよいよ、今日、外出した最大の目的を実行に移せるときがきたのだ。

みなが車から降りてのんびりしているあいだに、わたしは棒きれを拾い上げると、おもむろに地面にとりついてせっせと野草を掘りはじめた。ここ数日の日照りですっかり乾燥してしまった、その土の固さといったら、掘り起こそうとするたびにブチブチと根が切れてしまうのでさんざん苦労した。そのうち、草むらの陰から大きな鉄片が見つかったので、それを手にガリガリと大胆に掘り進んだところ、なんとか根こそぎ掘り上げることに成功した。独房のなかで、暇さえあれば植物図鑑を広げていたせいか、たいていの草には見覚えがあった。そんななか、これまで見たこともない草に出会うと妙に心が浮き立つのだ。まるで、綺麗な女性と道端ですれ違ったような気分になる。

今日、あそこで出会ったたくさんの草のなかに、思わず息をのむ神秘の草があった。その気品といい立ち姿といい、温室育ちの栽培ものとは比べものにならない。いつか、庭つきの家に住める日を迎えたら、こういう薫り高い野草を片っ端から集めてきて、すてきな花壇を造りたいものだ。あとで図鑑にあたってみたところ、この草の名は「クララ」と判明した。

まだいくつも掘り出していないのに、みんなして腹が減ったとせきたてるものだから、後ろ髪を引かれる思いでしぶしぶ腰を上げた。採ってきた草花は、夜、部屋に戻ってから、水を張った洗面器に浸けておいた。明朝の運動時間を使って花壇に植えるとしよう。なんとか息を吹き返してくれるといいのだが……。

車で山を下り、町の中心部に出た。豚のプルコギ〔焼肉〕をたらふく食べて夕食をすませると、喫茶店に移ってコーヒーを飲んだ。こんなことは、刑務所に入って以来、初めてだ。喫茶店の窓辺に映る見慣れぬ風景のなかでも、飛び抜けて目新しく不可思議だったのは、綺麗に着飾ってさっそうと通り過ぎる女性たちの姿だった。動物園でライオンやトラを眺めるように、わたしたちは女性という「動物」が歩きまわるのをめずらしそうに見つめていた。数分にも満たない短い時間だったから、よりいっそうものめずらしく感じたのかもしれない。たかが七年、一般社会から隔離された人間でさえこうなのだ。三十年を独房で過ごした人間が世のなかに対して感じる恐怖や驚きがいったいどれほどのものなのか、わたしには想像もつかない。

今夜は床に入って、来年の今頃、社会見学などではなく、家族と仲良く手をつなぎ胸を張って街なかを闊歩している自分を思い描きながら、眠りにつくとしよう。

（1992・6・12）

香港映画

一週間に二回、特別な時間が訪れる。木曜のミサと、日曜のビデオ上映。つまりわたしたちは、毎週一本、欠かさず映画を見ていることになる。今日も、いつものようにビデオを見たのだが――おもに安っぽい香港映画だ――、『君が好きだから』〔原題『縁份』〕という香港の恋愛ものだった。マギー・チャンとアニタ・ムイという香港のトップスターが出ているから、はじめはそれなりに身を入れて見ていたのだが、そのうちあまりに退屈でつまらないので、テレビ画面ではなくそれを見ている人の表情を盗み見ることにした。そのほうがよほどおもしろい。何より理解しがたいのは、チョウ・ユンファやアンディ・ラウ、ジョイ・ウォンのようなトップスターが、無分別にもこのたぐいの三流映画に出演しているということだ。香港というところはまさに、高級と低級、プロとアマが無秩序に入り混じった、混沌の都市なのだろう。今日の経験から、その気になれば、映画ででも充分に人を拷問できることがわかった。

これほど深刻な「環境公害」をもたらしている香港映画。今回の「リオ環境サミット」で、なぜ議題に取り上げられなかったのか、つくづく疑問に思う。それに、こんな映画を選んでくる刑務所側の誠意のなさや無知さ加減に、もう我慢も限界だ。若い服役囚のほとんどが暴力事件がらみで入ってきているというのに、彼らを教化する義務のある矯導所(むかしは刑務所と呼んでいたが、現在では、刑期を務めさせるだけではなく、矯正教化にいっそう力を注ぐという趣旨から矯導所という名称に変更された)で、しつこく香港の暴力映画を見せ続けているのだから……。たまりかねて担当官に抗議すると、彼らはきまって「ビデオ屋にはそんな映画しかないから仕方がない」と口をそろえる。それが本当だとすれば、ビデオ屋こそ、貴重な税金を低俗な文化に浪費させている元凶と言えそうだ。金儲け主義に染まりきった現実を、改善していく道はないものだろうか。

わたしの気持ちが通じたのか、前回の社会見学で採ってきた野草たちは、今ではすっかり根を張ってぐんぐんと生長している。あのとき持ち帰った草の名を挙げてみよう。ツユクサ、ノゲシ、ヤマブキソウ、ケナシイヌゴマ、ヒルガオ、カエデ(種から発芽させたもの)、マツヨイグサ、エノキグサ、ママコノシリヌグイ。そして、相変わらず名前のわからないものが数種類。いつのまにか花壇はもういっぱいで、新しいのを植える場所もほとんどなくなってきた。梅雨が開ければ、ますます生い茂ってくるだろう。

昨日は、とても蒸し暑かったうえに口寂しかったから、さっぱりしたものが食べたくなった。それで、運動場の片隅に生えていたスベリヒユやアカザ、イヌヤクシソウを採ってきて水できれいに洗ってからコチュジャンをつけて食べてみた。なかなかの味わいだ。これまでにも、所内に生えている雑草はほとんどみな試してみたが、それはあくまで、どんな味がするのかという好奇心を満たしたにすぎなかった。これからは、積極的に料理を開発してゆくつもりだ。次は、ウサギ草［シロツメクサ］の和え物を計画中なのだが、試作してみて報告するとしよう。それでなくとも野草のせいで、ウサギなどというあだ名がついてしまっている。それがいよいよ、本当にウサギ草を食べるというのだから、おかしなものだ。だが、塀のなかにいると新鮮な野菜が恋しくなる。そんな草でもむしって食べないことには、どうにも身体がもたないのだ。

（1992・6・28）

人災に遭ったわが野草園

ソナ、今日、わたしの野草園が大変な目に遭ってしまった。大雨で流されただの、日照りで干上がっただのの天災ならともかく、人災なのだ。

朝、運動場に出てみたら、なんということだ！　花壇に植えてあった草が無残にも引き抜かれて、土の上に散乱しているではないか。全体の三分の一くらいが被害に遭った。何も知らない清掃員が、草取りのついでに花壇で育てていた野草まで引き抜いてしまったのだ。なんとご親切なことを！　わざわざ土を盛り上げて、花壇にしてあるのがわからないと言うのか。手塩にかけて育てているものを手当たり次第引っこ抜くだなんて、いったいどんな神経をしているのだろう。いくら雑草だからって、そうだろう？　日がな一日、飯も喉を通らずに鬱々として過ごしたよ。とくに、心血注いで育ててきたアキノノゲシがみじめにもひっくり返っている姿を見たときには、怒りにまかせてあらん限りの悪口雑言をわめき散らしてしまった。

しかし、どうしようもない。わたしは自由を奪われた身で、あの人たちは「雑然とした」刑務所をすっきりさせるためにしたことなのだ。なんとか憤りを抑えて、もう一度花壇の手入れを始めることにした。

引き抜かれてからの数時間、陽の光にさらされてしまった草たちに、とうてい蘇生の見込みはなかった。根本的に花壇を整備し直すにはどうしても道具がいるから、担当官につき添ってもらい、園芸部までシャベルを借りに行くことにした。

シャベルを借りて戻る途中、となりの棟の前にある小さな草地に、見たこともない草が生えているのを発見した。近寄ってよく見てみると、フワフワした毛がびっしりと生えたばあや花［チョウセンオキナグサ］ではないか。花はすでに終わっていたが、間違いなくばあや花だ。おそらく、安東《アンドン》の塀のなかで唯一のばあや花だろう。「ああ、神よ、感謝いたします。こんなにもすばらしい贈り物をくださるとは！」。ちょうど手にはシャベルもあり、さっそく掘り起こしにかかった。ところがこの根ときたら、とてつもなく深い。掘り出すのはひと仕事だった。ばあや花という名に惑わされてよぼよぼの婆さんを想像していたら、とんでもないしっぺ返しを食らったわけだ。

担当官は、こんなところでぐずぐずしていて主任に見つかったら大目玉だとせかすし、結局、根が深すぎて最後まで掘り起こせずに、根先のほうはちぎれてしまった。だが、これだけ根があれば充分生きていけると自分に言い聞かせ、細心の注意を払って花壇に植え直した。

もう二度と今回のような悲劇が起こらぬよう、花壇の土をさらに高くして周りには小さな石で石垣を組んだ。今日はとんでもない災難に遭ってしまったが、来年には見られるはずの、ほれぼれするようなばあや花に希望を託し、部屋に戻ってきたところだ。

（1992・8・15）

嫁の尻拭き草

用を足すときにでも、引っかかればいいものを

今日スケッチした、この花の名がわかるだろうか？　韓国の田舎ならどこにでも見られる一年草だ。蔓で生長してゆくのだが、見たとおり、茎と葉柄《ようへい》にトゲがびっしり生えているので、これを使えば何でも軽々と引き寄せられる。蔓は、ツルタデやガガイモのように何メートルにもなるわけではなく、せいぜい二メートル程度。節ごとに丸っこい托葉《たくよう》がついていて、まるでエプロンをつけた女子中学生のような姿をしている。わたしはトゲの突き出た植物は苦手だが、この花だけは不思議と世話をしてやりたくなるし、情がわく。丸っこい托葉も愛嬌があるが、ちんまりと可愛らしく咲く花に心惹かれるのだろう。満開になると、桃色に縁取られた小さな花が三つ四つ、ひょろりとした花軸に身を寄せ合う。ちょうど、キキョウの花を十分の一くらいに縮めたような形だ。あの長く伸び上がる花軸と小粒で愛らしい花を見ると、おまえのことが思い出される。トゲを見れば、おまえの強情っぱりが無性に懐かしくなる。

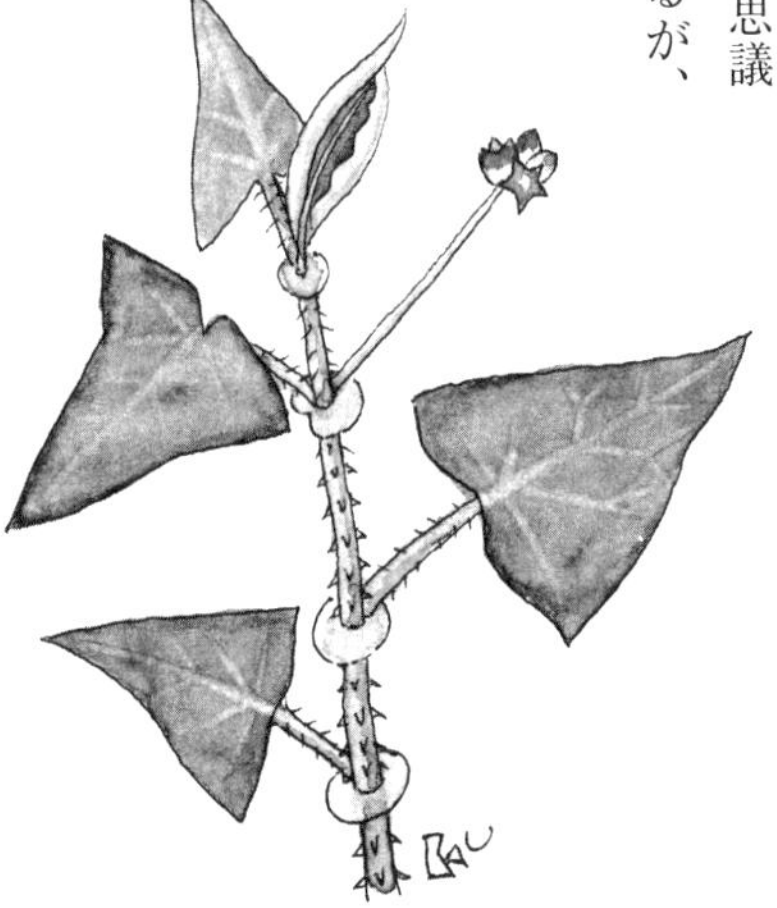

これは、二か月前に社会見学に行ったとき、臨河《イムハ》ダムのほとりからひと株抜いてきたものだ。これまで、意地の悪い服役囚たちに幾度となく根を引き抜かれたり茎を切られたりしたのだが、切れたところを土にさしておけば、健気にもまた根を張ってよみがえる。まったく、根性のある草だ。前置きはもういいから、早く名前を教えてくれって？　正解は、嫁の尻拭き草［ママコノシリヌグイ］。

下品で嫌な感じがするって？　おまえを連想した花なのだから、高貴な名前のほうがよかったのだが、こればかりは仕方あるまい。わたしたちのご先祖様がそう名づけたのだから。だが、わたしの手元にある図鑑の解説だけでは、どこからこんな名前がついたのか、皆目わからない。図鑑をあたってみると、「嫁」のついた草の名前がこのほかに三種類もあった。嫁のヘソ［イシミカワ］、嫁の巾着《きんちゃく》［ケマンソウ］、嫁の飯粒花［ツシマママコナ］。ところが、どんなに探しても姑《しゅうとめ》という字がついた草は見つからない。つまりこれは、姑や姑の肩をもつ人たちがつけた名前に違いないのだ。むかしから、嫁と姑のぎくしゃくした関係はいろいろな逸話を生み出してきただろう？　この花も、その姿をじっと眺めているうちに、どうしてこんな名前になったのか、わかるような気がしてくる。

つまり、こうだ。

ある日、姑が畑で草取りをしていると、ふいに便意をもよおしたので畦《あぜ》の脇にしゃがみ込み、用を足した。用がすんだので、尻を拭こうとかたわらに生えていたズッキーニの葉をぐっと引きちぎった。ところがそのとたん、ビリリッと痛みが走ったのだ。あわてて手を開いてみると、この草がズッキーニの葉といっしょにくっついてきていた。後始末を終えた姑が胸の内でぶつくさとつぶやいたのが、「この草ちくしょうめ、小憎たらしい嫁が用を足すときにでも引っかかればいいものを、こともあろうに……」。

こうして嫁の尻拭き草と名づけられた、という話が、慶尚北道《キョンサンプッド》安東郡《アンドングン》豊山邑《プンサンウプ》上里《サンリ》にて語り継がれているんだとさ。

どうだ、ありそうな話だろう? それにこの絵は、図鑑を見て描いたのではなく、運動時間に紙を持ち出して花壇の脇にしゃがみ込み、汗をふきふき描いたものだ。この苦労、わかってくれよ。

（1992・8・19）

スタペリア

実がなるには適切な時期がある

三か月前、園芸部から譲り受けたサボテンが、鉢いっぱいに根を張ってすっかり大きくなった。ひと株もらって部屋に置いておいたのだが、その親株は、あとから出てきた枝二本にすでに追い越されてしまった。今、わたしの部屋の窓辺には、マーガリンの容器に行儀よく納まったサボテンなどの多肉植物が四種類も並んでいる。これらは、もともと園芸部で育てていたのではなく、わたしが外から持ち込んできて所内に広めたものだ。だから、こいつらはすべて、わたしの手によって生を享《う》けたともいえる。

事の顚末《てんまつ》は、こうだ。二年以上も前、わたしが園芸部に所属していた頃、煩雑な手続きを経て近くにある安東《アンドン》農業高校を訪問した。目的は、温室の見学とペチュニアの苗を分けてもらうこと。ところが、温室内をひと目見たわたしは、その多彩で華麗な熱帯植物にすっかり心奪われてしまった(今でこそ、野草に夢中だが)。わたしは、一行の最後尾にくっついて見学するふりをしながら、さし枝のできそうな植物をこっそり折ってはポケットに詰め込めるだけ詰め込んだ。この程度折ったくらいで、あそこの植物は傷つかない。それに、刑務所で盗みといえば、基本中の基本だろう?

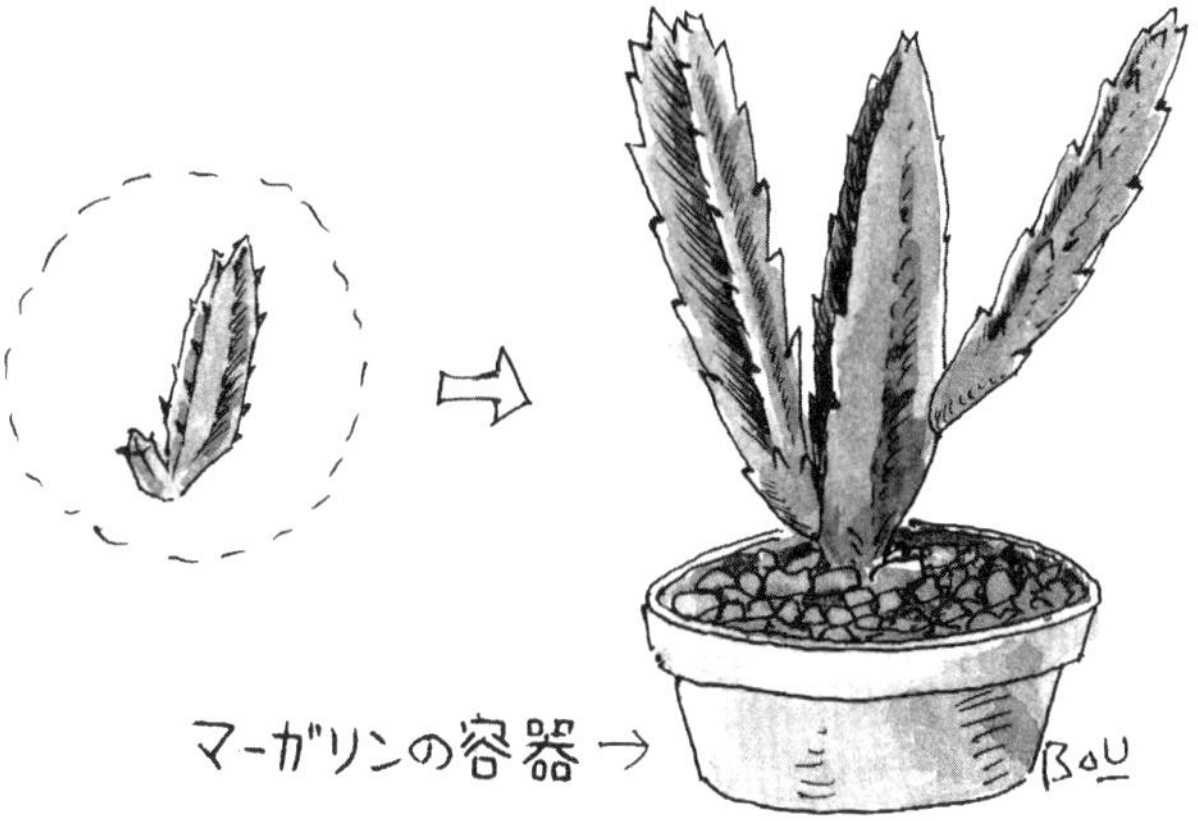

帰ってから確かめると、二十種ほどいただいてきたようだった。そのなかに、多肉植物が四、五種類あったのだが、それを繁殖させた子孫が、今、わたしの部屋にいるというわけだ。ここに描いたのは、花がとても変わっていて興味深いから、特別可愛がっているやつだ。枝自体はようやっとひとさし指くらいのサイズなのだが、驚くなかれ、花が咲いたとなると手のひらほどにもなるのだ。茎のどこからか細長い花軸がひょろりと伸びたかと思うと、その先端でつぼみがふくらみはじめる。花が咲くと、まるで毛むくじゃらのヒトデのようだ。それで、名前も「スタペリア」、つまり星に似ているというのだろう。当時は、さし枝をしてから二年めで花が咲いたから、こいつも来年には間違いなくあの奇抜な花を披露してくれるに違いない。

こいつをすぐそばに置いて日々観察しているうちに、あることに気がついた。この世の万物にすべて当てはまるのだろうが、植物が生長して実がなるのにはみな適切な時期がある、ということだ。こいつが親株から米粒ほどの芽を出したときには、どうせなかなか大きくならないと気にも留めていなかった。実際、その芽は二か月ものあいだ、ほとんど生長しなかったのだ。ところが、気温が二十五度を超える七月に入ったとたん、恐ろしいほどの勢いで伸びはじめた。朝、目覚めると、ひと晩でどれだけ大きくなったのかが見て取れるほどだ。

人間も、同じことだ。勉強の苦手な子に、親がいくらうるさく言ったところで、時が来なければからまわりするだけだ。勉強しやすい環境さえ整えておけばいい。あとは、いずれ子ども自身の内側から自然と力が湧き出てくるのを気長に待つことだ。あせってあちこち駆けずりまわったところで、ただの教育ママになるだけだろう？　それに、そんな強要は子どもを追い詰めてしまう。もうすぐおまえも母になる身。このことを、しっかり心に刻みつけてほしい。

（1992・8・25）

うら哀しきマクワウリの花

今日、秋夕《チュソク》〔旧暦八月十五日。日本のお盆に相当〕の前に送ってくれた手紙を二通、まとめて受け取った。秋夕を迎える準備で慌しい家のようすがありありと目に浮かんで、胸が熱くなったよ。そんな雰囲気を最後に味わってからどれほどの月日が流れたのか、考えるだけで気が遠くなりそうだ。

連休が長ければ長いほど、刑務所はいっそう退屈になる。秋夕のお祭りだといって出される白飯は、古びた臭いがするものだから何口か食べてやめてしまった。備蓄米なのだ。それくらいなら、普段の麦飯でいいから、ほかほかのを出してくれるほうがよっぽど嬉しいのだが。

何日かぶりで運動場に出てみたら、気分爽快。花壇の野草は、秋の穫り入れのせいですっかり元気をなくしていたが、地面には季節を間違えて出てきた新芽が初々しく頭をもたげていて、奇妙な対照をなしていた。片隅では、マクワウリの花がひっそりと咲いていたのだが、よくよく見ると、花の落ちたところに豆粒ほどの実までなっているのだ。花壇の脇を通っている下水道が少し破れていて、チョロチョロと汚水が漏れ出しているのだが、おそらく服役囚の大便からマクワウリの種が流れてきて芽を出したのだろう。排水溝に沿って、ぽつりぽつりと顔を出していたそいつらを野草園に植えつけたら、みごとに黄色い花を咲かせたのだ。
人間の内臓をくねくねと旅した末に、季節はずれの今になって黄色い花を咲かせたマクワウリ。なんとも数奇な運命をたどっているようでもあり、逆に、大便のかたまりのなかに巻き込まれ腐っていった仲間を思えば並はずれた幸運に恵まれたともいえる。どちらにしろ、秋に眺めるマクワウリの花は、その意外性よりもむしろうら哀しさに心打たれるのだ。

わたしの部屋がどんな造りになっているか、説明しよう。説明するもなにも、単純きわまりないのだが。ひと坪の空間の半分を縦長に区切り、片方は寝るスペース、もう片方は「本の山」になっている。本のなかに絵の道具や画板も紛れているのだが、それを広げると、もう部屋のなかで尻の向きを変えることすらままならなくなってしまう。絵を描くにしろ、机に向かって手紙をしたためるにしろ、線を引き引き読書するにしろ、必要なものはすべて、座ったまま腕を伸ばせば取れるのだ。あらゆるものが手の届く範囲内にそろっているので、決まった場所にいったん座り込んだら、一度も立ち上がることなく用事はすべてすませられる。こんな話は、別段、たいしたことはないのだが、外に出てみるとこれが案外やっかいだという。

この前の光復節〔八月十五日。日本植民地支配からの独立記念日〕に出所した人から、こんな手紙が届いた。家に戻ったばかりの頃、物を探しにあの部屋、この部屋と行き来するたびに違和感がついてまわったという。二十年ものあいだ、手の届く範囲内にあらゆる物を置いて生活していたために、急に広くなった空間で歩いて何かを取りにいくということに適応できなかったのだ。

つまり、わたしのような人間には、極小と極大の世界しかないということだ。極小の世界は独房のなかの決まりきった日常であり、極大は塀の外の懐かしい面々と世のなかのできごとというわけだ。中間は存在しない。極小と極大だけの世界を体験した人間は、性格もそれに影響されるらしい。小さなことにとことんこだわる反面、あきれるほど大きな夢を思い描いてみたり。わたしからも、そんな印象を受けたことはないか？　だからこそ、わたしたち服役囚にとって「手紙を書く行為」は、とても大切な意味を持っているのだ。

（1992・9・14）

ツユクサ

なんともめずらしい花

見慣れた花だろう? そう、ツユクサ。あるいは、「ニワトリ小屋草」とも呼ばれている。一歩外に出れば、どこででも出会える一年草だ。近頃のわたしは、運動時間ともなると真っ先に運動場の隅まで駆けていって、ちょうど花盛りのこいつらを飽きもせず眺めている。見れば見るほど愛嬌があり、おもしろい花だ。まるで、耳の大きなミッキーマウスみたいだろう? ぐんぐん伸びたかと思えば、節が地面に触れるやいなや、即座に根を下ろしてあたりに繁殖してゆく強靭な生命力。淡白でおいしいから、コガネムシにも大人気だ。わたしははじめ、大きなふたつの花びらが総苞《そうほう》〔花の一団を包む、がくのようなもの〕で、まんなかの黄色くて小さな十字型の四つが花だとばかり思っていた。ところが、黄色いのはすべておしべだという。なんともめずらしい花だ。めしべ一本におしべ六本がついていて、そのおしべの形がそれぞれ違うだなんて、この花くらいのものだろう。

そのなかで花粉があるのは、めしべを両側からガードしている、麦飯の粒のような二本だけだという。では、花のような形をした残り四本のおしべは、どんな役割を担っているのか。創造主は、けっして無意味なものはつくられなかったはずだが……。そうか、わかった！ のっぺりした花びら二枚では、とうていハチやチョウを呼び寄せられないから、こんな変化を与えられたに違いない。

ふつうは、ひとつの花が散ってから次の花が咲くのだが、ときに、ひとつの総苞にふたつの花を咲かせることがある。そんなふうに二段いっぺんに咲いた姿は、まるで二匹のネズミが塀の外を覗いているかのようだ。

二年前、園芸部で何種類もの熱帯産観葉植物を育てたのだが、そのなかに熱帯ツユクサという草があった。赤紫色をした多肉質で、こいつもすさまじい生長ぶりだった。だが、韓国のツユクサと比べて花も魅力に欠けるうえ、多肉質だから大きくなるにつれ薄気味悪くなる。しかも、食べることすらできない。それにひきかえ、われらがツユクサは、よっぽど清楚で花もめずらしい。そして、和え物にして食することもできる。にもかかわらず、あちらは海の向こうから来たというだけで立派な鉢に納まってちやほやされているのに、こちらのツユクサときたら空き地で好き放題に伸びていっては遠慮なしに踏みつけられているだろう？ そんな姿を見るにつけ、どうにもやりきれなくなる。唯一救われるのは、運動場からツユクサを採ってきてサイダー瓶にさし、部屋に飾って可愛がってくれる服役囚がいることだ。

（1992・9・17）

この草むらをひと坪だけ切り取って

一か月ぶりに新しいメガネをかけたら、急に世のなかが明るくなった。これまで、メガネのフレームが壊れていて十年以上も前のキズだらけのをかけていたものだから、自分もそのメガネくらい老けこんでいたらしい。

昨日の社会見学の目的地は、二年前にも訪ねたことのある鳳停寺《ポンジョンサ》という寺だった。栄州《ヨンジュ》の浮石寺《プソクサ》にある無量寿殿《ムリャンスジョン》よりも古い、高麗朝の木造建築があるところだ。だが、実際の建物はその後改築されているし、なかもガランとした納屋のようで、ひとつもおもしろくない。その点、無量寿殿の気品あふれる姿はかけ値なしの国宝級だ。

わたしは前にも来たことがあるから、ろくろく寺の見物もせずに、入ってから出てくるまでひたすら地面を見つめて歩いた。目に飛び込んでくる草花を片っ端から見分けてみようと思ったのだ。独房で、図鑑を何冊も広げては数えきれないほどの草花を眺めたはずだった。ところが、いざ山に来てみると目新しい草ばかりが四方に広がっている。むかしのわたしだったら、「なんとすがすがしい緑だろう！」くらいで通り過ぎたのだろうが、今回は、草一本一本の特性や名前をブツブツつぶやきながら歩いた。そのうちに、自分が踏みしめているこの大地が、あらゆる金銀財宝に満ちあふれた神秘の空間のように感じられてきて、歩みを進めるのが惜しいくらいだった。

朝、台風が通り過ぎてゆき、たくさんの雨を降らせたあとだったから、谷間の渓流は猛々《たけだけ》しく流れていた。川べりでは、ヤナギタデやミゾソバがめいっぱい花を咲かせ、そこここで急流に揺られていた。鳳停寺までの登り道で、いちばん新鮮に映った花はツリフネソウだ。ホウセンカに似ているが、それよりずっとたくましくて野生美にあふれている。湿地や川べりに多く生息しているのだが、山に登る道すがら、もっとも心惹きつけられる花だった。ツリフネソウの茂みから、よく似た赤い花がちらほら見え隠れするので近寄ってみると、腹を空かせた嫁がご飯粒をくわえたまま死んだ場所に咲いたという嫁の飯粒花［ツシマママコナ］だった。

寺の上側の別棟に続く小道には、おととしの春のようにフキが生い茂っていた。あのとき、フキをひと株掘り起こしてきて園芸部の花畑に植えたところ、秋になってやたらと増えた。それを採っては味噌を溶かしてフキ汁を炊き、みなで食べたのを思い出す。山に暮らす坊さんたちが、本当にうらやましい。一歩外に出れば、あたり一面に生えている新鮮な野草を年がら年じゅう食べられるのだから。

山を下りる途中、こんなことを思った。目の前に広がるこの草むらを、ひと坪だけ切り取って刑務所の運動場に持ち込めたら、どれほどいいことか……。そうすれば、運動時間のあいだじゅう、その草地に入り浸って過ごすことができるのだ。

神がおつくりになった自然の造形物は、どこまでも無尽蔵だ。この世に生を享けながら、これらの御業に目を向けることもなく、成りゆきまかせで浪費を重ねながら生き、また死んでいく人生の、なんと虚《むな》しいことか。

こんな思いを巡らせながら山を下りていたら、道端の草花にもおよばない人間の愚行に、思わず眉をひそめることになった。渓流の途中にある小さな滝の上に大きく平たい岩があり、そのかたわらに、趣きある東屋がひっそりと佇んでいた。まるで、絵に描いたような情景だ。せっかくだから、その東屋まで行ってみようと渓谷を渡ったのだが、東屋を中心に、ゴミ、食べかけの弁当、ジュースの空き缶、新聞紙の切れっ端、色とりどりのビニール袋などが、そこここに散らかっていて、とても見られたものではなかった。そのうえ、悪臭まで立ち込めて……。

山に来て、造物主の御業を鑑賞するどころか、空腹を満たすことに夢中になったあげく、あたりに糞を撒き散らしては帰ってゆく人間たち。この次にまた、同じ人がここに来たら、自分の捨てたゴミを見て何と言うだろう? おそらく、自分の仕業とも気づかずに、眉間にしわを寄せてこんな悪態でもつくのだろう。「これだから、朝鮮民族はだめなんだ!」と……。

（1992・9・26）

ミックス野草のナムル

紅葉狩りの季節が巡ってきたようだ。沈みゆく夕陽のなかで向かいの山の紅葉を眺めていると、たとえありふれた山であっても深く心揺さぶられる。黄色いノギクと薄紫のヨメナが織りなす色とりどりのモザイクが、照りつける太陽のもとで宝石のように輝いている。ところが、ほんの少し視線をずらすと薄暗くてじめじめしたコンクリート塀が続いているのだ。

この世のなか、どちらを向いても奇妙な対比の連続だ。もう一度視線をずらすと、高さ三メートルの塀に隠れるようにして、季節はずれの若草たちがわたしの野草園で生い茂っている。

今日、そいつらをことごとく収穫してきた。霜が降りて固くなる前に平らげてしまおうというわけだ。運動時間に、となりのイ・ソンウさん（野草園のもうひとりの主）とふたりして、花壇の脇にしゃがみ込み、伸び放題になっていた野草を手当たり次第に採り尽くした。収穫し終わってみると、もう洗面器はいっぱいだ。夕方、もらったお湯でさっと湯がいて、味噌をからめた。

名づけて「ミックス野草のナムル」。味見しながら数えたら、なんと十四種類もの草が入っていた。アカザ、スベリヒユ、ウシハコベ、オニタビラコ、ニラ、スミレ、アレチアザミ、ウツボグサ、ニガナ、タンポポ、キュウリグサ、マツヨイグサ、オオバコ、ノゲシ。ただやはり、旬でない草が多かったせいか、なかなか噛みきれない。それでも、おすそ分けした仲間たちには大好評だった。わたしのおかげで、この棟の仲間もすっかり「ミックス野草のナムル」通になったというわけだ。だが、今日をもって、きれいさっぱり野草の始末をしてしまったから、草を味わうのは来年の春までおあずけだ。

『美術工芸』という雑誌、送ってくれてありがとう。これは、おまえも購読しているのか？　おまえの専攻はファッションデザインだったと記憶しているが、最近では工芸にも興味を持ちはじめたようだね。知っての通り、じっくり腰を据えて何かを作り上げることにかけては、おまえの兄貴も多少の心得がある。

わたしは、刑務所のなかで工芸の真髄に触れることができた。というのは、ここは外の社会とは違い、必要な材料がなかなか手に入らないからだ。つまり、無から有をつくり出すことが求められるのだ。塀のなかで手に入る材料のうち、いちばん基本的な、ラーメンの袋、ご飯糊、紙でもってありとあらゆる生活必需品を作らなければならない。本棚、机、棚、本立て、メガネケース、碁盤等々(こういうものは不法所持物とされるから、不運にも定期検査で引っかかるとすべて取り上げられてしまう。精魂込めて作ったものを取り上げられたら確かにやるせないが、それもあくまで一時的な感情。取り上げられたら、また作ればいいのだ)。服役囚がどれほど器用か、おまえも一度見てみたらいい。圧倒されるぞ。細長いハブラシの柄に完璧な女体を彫刻したかと思えば、ご飯粒の糊をこねまわして華麗なる豚まで誕生させるのだから……。もし、こういった作品を持ち寄って外で展示会を開いたら、爆発的な人気を呼ぶに違いない。懲役生活のなかから、これほど精巧で奇想天外な作品が生まれてくるのは、ありあまるほどの時間と持てあましたエネルギーを発散させる対象が、ほかにはないからなのだろう。

（1992・10・17）

スミレ

わが民族の心痛む歴史

今日は、運動時間に仲間たちと土卓球(刑務所スポーツのひとつで、地面に境界線を引き、木の板のラケットでゴムボールを打ち合う卓球競技)でひとしきり汗を流したあと、整理体操をかねて塀に沿ってジョギングをした。しばらく走っていたら、突然足もとが明るくなった。見下ろすと、塀と地面がぶつかるギリギリのところに、スミレがずらりと列になって咲いているのだ。そのあたりは服役囚がしょっちゅう踏みつけて歩くから、花どころか草もろくろく生えていないというのに、こんなにも愛らしいのがいっぺんに花開いていたとは！　そのようすをよく見ておこうと、運動時間の終了を知らせる笛の音が響くまで何回ジョギングを繰り返したかわからない。部屋に戻るときには、すかさずそのスミレをひとつかみ採ってきた。スケッチもしたかったし、味も試してみたかったのだ。

スミレは、いったん根を下ろすと同じ場所で毎年花を咲かせる多年生の野草だ。場所を選ばずよく育つうえ、花も可愛らしいし和え物にもできるので、古くから庶民に愛されてきた。子どもの頃、しょっちゅう耳にした「女真族《じょしんぞく》の花(スミレの別称)」という名は、そのむかし、この花が咲く頃になると、中国の辺境から女真族が大挙押し寄せてきたことに由来するという。スミレの開花期は、ちょうど食糧が底を尽く端境期にあたるのだ。いや、もしかすると、女真族にありったけの食糧を奪われてしまい、せめて野草で食いつなごうと平野をさまよっているうちに出会った花なのかもしれない。花のイメージとは裏腹な名前の陰に、わが民族の心痛む歴史が隠されていたとは、おまえも知らなかっただろう。

スミレ属は、もともと種《しゅ》が多いので、一つひとつ数えていたら日が暮れてしまう。注目すべきは、花は似ているのに葉がそれぞれ異なっている点だ。いちばんよく知られているのは、春になると真っ先に庭先の花壇を飾るパンジー。韓国では「三色スミレ」の名で親しまれている。園芸部で二年連続してパンジーを育てたことがあるのだが、身の丈に比べてやたらとでかい花びらは、その絶妙な色合いがひときわ目立っていた。花びらの色だけで見れば、おそらくパンジーほど多様で華麗な色彩を誇る花はないだろう。花びらが異様に大きいので、強風や雨に打たれるとすぐだめになってしまうのが難点だ。だが、パンジー

がいくら華麗でも、わたしの目には趣きのある野生スミレのほうが輝いて見える。派手に自己主張する花より、つつましくも凛《りん》として咲いている花に自然と惹かれてしまうのだ。

スミレの生長を観察していると、おかしなことに気づくはずだ。それは、種の作り方。こいつを初めて花壇に植えたのは、ちょうど花の終わる頃だった。不思議にも、種をつけることなくそのまま枯れてしまったのだ。ところが、それから数か月がかりで、つぼみのようなものが葉のあいだから少しずつ出てきたかと思うと、先端が三つに割れて種が弾け飛んだ。はじめは、わたしが独房に押し込まれている隙に、いそいで花を咲かせて種を作ったのだと考えた。ところがじっくり見てみると、もともと地面から閉鎖花が生えてきているではないか。まったく、変わっているだろう？　あとで知ったのだが、こういうのを自家受精というらしい。スミレがこんな方法を選んだのは、ハチやチョウが活動を始める前の早い時期に花を咲かせるからだという。近くに異性がいなければ、自分で解決するほかないからな。

スミレの花は香りがよいので、香水や染料の材料としても使われている。薬草としては、関節炎、不眠症、便秘などにも効くうえ、殺菌作用が強いため、できものや打撲傷に葉をすりつぶして塗りつければじきに治るという。とくに、指先にできる腫れ物には効果てきめんだとか。

スミレを「ミックス野草のナムル」に加えると(残念ながら、スミレだけで一品作るには量が足りない)、紫色の花びらが食欲をそそる。ご飯を食べるときに、花を一輪摘んできてスプーンの上にのせて食べたら、不思議な芳しい味わいとなった。ほとんどの人は、和え物というと野草の葉や茎だけを連想するのだろうが、じつは花まで食べられる野草も少なくない。わたしは素材を集めるとき、花を見かけたらたいていのものはみな摘み取っていっしょに和えて食べている。とくに、サラダなどに入れると、独特な香りが楽しめる。ただし、クチナシやキクのように香りが強すぎるものはやめたほうがいい。しつこくなってしまう。

いちばん好きな花は、何といってもカボチャの花。開花する前の細長いつぼみを摘み取って、カボチャの葉といっしょに蒸して食べたら絶品だ。こうして蒸したカボチャの花を三つ四つ白い皿に盛りつけて味噌といっしょに食卓に並べてみるがいい。見た目も鮮やかだろう。出所後にはぜひ、色とりどりの花を摘んできて、花のサラダを作ってみたい。どうだ、すてきだろう?

（1993・5・15）

ミックス野草の水キムチ

すっかり暑くなったものだ。日差しがあまりに強いので、運動するのもおっくうだ。それにしても、サンチュ〔レタスの一種〕畑に水をやれないのが気にかかる。サンチュは水を食べて大きくなるといえるほど、こまめに水をやらないといけないのだが……。

サンチュ畑のことを話そう。年頭に立てた今年の農業計画では、もとの野草園のとなりに小さな畑を四畝造ってサンチュとエゴマを植えることになっていた。どうにかこうにか四畝造ったまではよかったが、なかなか種が手に入らずに二か月以上も遊ばせてしまった。すっかり時期を逃したので、いっそのことほかの野草を植えることにしたのだ。ところがある日、花壇を注意深く眺めてみたら、サンチュの芽があちこちから出ているではないか。種を蒔いた覚えなど、まったくないというのに。すっかり忘れていたのだが、去年、どこからか飛んできた種が発芽して立派なサンチュに育ち、そこから種を取ったことがあった。そのときに種を脱穀して残ったかすが、捨てずに取ってあったのだ。それを見つけた隣室のイさんが、おもしろ半分に撒いたらしい。そんなこととは露知らず、その上から、去年、集めておいたありとあらゆる野草の種――ヒユ、マツヨイグサ、ヤマラッキョウ、アカザ、コガネバナ――を蒔けるだけ蒔いてしまったのだ。それでも、いちばんに顔を出したのがサンチュだったから、はじめはやはりサンチュを中心に手入れをしていた。ところが、ほかの野草の芽が次々と頭をもたげはじめるではないか。こいつらを生かすには、どうしてもサンチュを移動させないといけない。そこで、しっかり育ったサンチュの苗を別の畑に植え替えたのだ。こうして、ようやく当初の計画通りにサンチュ畑が誕生した。

花壇はおもに、イさんとわたしとで手入れをしているのだが、耕作方法に関する意見が対立して頭を抱えることも少なくない。イさんは、サンチュ、エゴマといった栽培野菜を重視していて、そのひと株を生かすためなら、ためらいもせず周りの野草を一掃してしまう。それが納得できないわたしは、ことあるごとに、頼むからやめてほしいとブレーキをかける。サンチュのそばに芽生えた草が一人前に育ったら、わたしがひとつ残らず摘み取って食べますから、どうか先回りして抜くのはやめてください、と。わたしにとっては、サンチュもヒユもアカザもすべて同じ野菜なのだ。野草のなかにサンチュが出てきたら、逆にサンチュを抜いてしまいたいくらいなのに、イさんは野草のほうを抜こうとする。心中穏やかでいられるはずがないだろう? サンチュは、専用の畑で思う存分栽培しているのだから、サンチュのために野草園の野草を傷つけるなど、筋が通らない。それでもイさんは、わたしがウサギみたいに草ばかりむさぼり食うと言って、いつでも不満そうな視線を投げてよこすのだ。

イさんといっしょに花壇の世話をしていると、お互いの世界観がまったく相容れないことをつくづく思い知らされる。イさんは好きな野菜を一、二種類だけ集中的に育てて、ほかの草はできるだけ取り除くか、せいぜい肥やしの材料としか見ていない。いっぽう、単一耕作が嫌いなわたしは、花壇に勝手に生えてきたり、蒔いた種から出てきた草をまずは放っておく。ある程度生長するか、増えすぎて窮屈になってきたら、そのとき初めて間引きして食べる。だから、捨てるものなどひとつもないのだ。むやみに草を抜かないでくれとしつこく頼んだものだから、イさんはわたしがいないのを見計らって目障りな草をこっそり抜くようになった。そんなことをしたところで、運動時間に出ていっては花壇のようすを確かめるのがわたしの日課なのだから、すぐばれてしまうというのに。

二週間ほど前には、花壇の一角を覆い尽くしていたマツヨイグサの若芽をかごいっぱい摘んできて、和え物にして食べた。今、その場所ではヒユが伸び盛りだ。

三日前には、花壇の手入れを兼ねて、伸びすぎたり密集して生えている草を種類ごとに間引きした。いつものように和え物にしようかとも思ったが、今回は水キムチを漬けてみることにした。ひと月前にツルマンネングサで水キムチを漬けてみたらとてもおいしかったから、今回はいろいろな草をいっしょに漬けてみたのだ。名づけて「ミックス野草の水キムチ」。今日、昼飯のときに味見してみたら、これが上出来でね。心持ちほろ苦いが、さっぱりしていて午後の暑さをすっかり吹き飛ばしてくれた。ここの若い連中も、はじめは半信半疑でなかなか手を出さなかったが、いったん口に入れてからはうまいうまいと大騒ぎだ。

実際、ミックス野草の水キムチは、普通のダイコンやハクサイの水キムチより、栄養価や新鮮度、「気」力において比較にならないほど優れている。自然の状態で天地の「気」をたっぷり受けて育った野草を十数種類も混ぜて発酵させるのだから、味気ないハクサイだけで作ったものでは太刀打ちできまい。今回、水キムチに入れた素材を思い浮かぶ順に並べてみよう。ニガナ、タンポポ、マツヨイグサ、アカザ、イヌヤクシソウ、スミレ、オニタビラコ、アレチアザミ、ノゲシ、オオバコ、ガガイモ、ツルマメ、ツルタデ、エゴマ、カワラヨモギ、ヒメジョオン……。そのほか、まだ何種類か入っていたが忘れてしまった。花壇に生えているものを全種類摘んできて食べたと思ってくれたらいい。おまえにも一度、味わわせてやりたいものだ。

（1993・5・31）

草花あふれる刑務所

久しぶりに、陽の光がまぶしい。干した毛布が気持ちよく乾いてくれ、天に感謝したい気分だ。

ふとん干し場の片隅に、塀に囲まれた空き地がある。そのスペースを利用して、来年の農作業に使う堆肥をこしらえることにした。そこには、ここ数か月にわたって、暇を見つけては地面からむしり取ってきた野草が積んである。一週間に一度、毛布を干しに来るたびに小便をかけたりよく混ぜ合わせたりして、真心込めてお世話してきた。ところが先週、しとしとと雨の降るなか、外で運動をしていたミンギョンさんが「大変だ！」と大声で叫ぶのが聞こえてきた。何ごとかと慌てて駆けつけると、なんということだ！　清掃員が、その堆肥の山をごっそり始末してしまったのだ。春からずっと、そこだけは掃除（おもに草取り）をしていなかったのに、いったいどういう風の吹きまわしだろう。所内で唯一、野草が自由を謳歌していたところにまで清掃員の手が忍び寄ってきたのだ。もう、花壇以外では草を摘めなくなってしまう。刑務所が、日を追うごとに殺伐としてゆくのはなぜだろう。草一本残さずに荒涼とさせてこそ、万事がうまくいくとでも思い込んでいるに違いない。なにせ、威圧感漂う塀の下、一列になって懸命に花開いていたスミレまで、容赦なく引き抜いてしまったのだ。殺風景な運動場をジョギングするとき、唯一、目の保養になってくれていた可憐なスミレの花。その花までも引き抜かなければ、気がすまないというのだろうか。

六年前、ここにやってきた当初は、まだ庭も青々としていて、それほど寒々しい感じはしなかった。生い茂った草むらとまではいかなくとも、ところどころに草が生え、その隙間から名も知らぬ野草の花が顔を覗かせていたものだ。当時、この塀のなかで自生していた野草の種類はかなり多かったのに、今ではせいぜい数種類しか残っていない。二、三年前から、清掃員に命じて徹底した草退治に着手したのだ。草取りの現場を目のあたりにするたび、わたしはまるで自分の服を脱がされているような気がしたものだ。そうして今では、誰の目にも触れないような奥まった場所の草までも、容赦なく全滅させられてしまった。

いまや、ここに残っている色彩は、灰色と土色、そして服役囚が着ている青い服の色だけだ。画用紙を広げて、絵の具を溶いてみるといい。灰色とくすんだ青、そして白みがかった土色しかなかったら、その三つをどう組み合わせたところで温もりのある和やかな雰囲気は作り出せないだろう。

「矯導所」がその名の通り、罪人を純化させる場所というなら、建物やその敷地も人間性を純化させるべく造られてしかるべきだ。ところが現実は正反対。どうすればより無機質な、直線と直角だけで構成された環境をつくり出せるかと、あの手この手の試行錯誤に余念がない。

ふと、こんなことを思った。丸みを帯びた建物と、草花の生い茂る庭に囲まれて過ごした服役囚なら、のちに社会に出てからも再犯率が目に見えて下がるのではなかろうか、と。

（1993・8・28）

懐かしい面々

尿療法Ⅰ

麦飯にサンマひと切れをかっ食い
塩で歯を磨く。
空色をした法務省の毛布の束に
寄りかかるように寝そべって
両の手を枕にして
ひと坪の天井を見上げるのだ。
タバコはやめて久しく
テレビもなければ話し相手もいない。
もうしばらく待たなければ
クモたちも顔を出すまい。
いつだって今時分には
この世でいちばん楽な姿勢で

鉄格子ごしに夕陽に染まる空を眺める。
そうして飽きもせず眺めていると
空いっぱいに浮かんでくる
懐かしい面々……

ソナ、ここでの生活で、いちばん感傷的になるのがこの時刻だ。夕食がすんでから、西の山に陽が落ちるまでの数十分。夕焼けの光には、人の心の琴線に触れる特別な波長が潜んでいるに違いない。

尿療法を始めてから一か月半が過ぎたが、特別、目に見えた変化は感じられない。あるとすれば、前よりも食欲が増したことくらいだろうか。わたしの場合、特定の治療効果というよりも、普段の健康維持と疾病予防の意味で実践しているから、人に話して聞かせるような効果は出ていないのだ。もちろん、気管支と腰に持病を抱えてはいるが、それほど深刻ではないからな。隣室のイさんも、わたしに口説かれて同じ日に始めたのだが、彼の病はひと筋縄ではいかないようで、まだ快方に向かうきざしは見えてこない。イさんは数か月やってみて効果がなかったらやめると言っているが、七十歳の老人に深く巣食った病がたったの数か月でよくなるはずもない。根気強く続けるよう説得するつもりだ。心臓病、高血圧、痔などを患う老人にとって、薬など何の役にも立たない。治せる薬がないわけではないのだろうが、どうせなら金もかからず無害な尿療法や民間療法を試すほうがいいだろう。ただし、尿療法(わたしたちのあいだでは、日本語で一杯という意味の「イチコップ」と言っている）を続けるのは楽ではない。はじめは好奇心も手伝って熱心にやっていたが、回数を重ねるにつれ拒否感が生まれてきた。これも、完全に習慣化するまでは、それなりの適応過程を経なければいけないようだ。

わたしは毎朝「イチコップ」したあとで、前日からヨモギを浸しておいた水を飲んで口直ししている。白状すると、イチコップよりもヨモギ水のほうに適応してしまって、あれを飲まなければお腹がすっきりしないのだ。ヨモギは、端午の節句の日にあちこちから苦労して摘んできたのを乾燥させたのがまだ残っているのだが、節約しながら飲めば、この冬くらいは越せそうだ。それに、野草の花壇のとなりにもうひと畝畑を造ってヨモギ畑を仕込んでおいた。先日、ヨモギの根を掘り出して（運動場で素手で掘ったものだから、手は傷だらけ）、どっさり埋めておいたから、来年の春には豊かな収穫が期待できる（困ったものだ。出所することはそっちのけで、来年の農作業で頭がいっぱいなのだから……）。

このところ体調もいいし気分も晴れ晴れしている。毎日の「イチコップ」とヨモギ水一杯を続ける限り、ちょっとやそっとの病は寄せつけずにすみそうだ（こんなことを口にしたとたん、病気にかかったら身もふたもないのだが）。

（1993・9・22）

口のなかでシュワリと溶ける栗

食事の時間は過ぎているのに、まだ飯がやってこない。少しでも空腹をなだめようと、昼にもらって残しておいた茹《ゆ》で栗をつまみ上げ、歯で半分に割った。今日は開天節〔建国記念日〕だから、特別食として、朝には麦飯の代わりに白飯が出て、昼には茹で栗がいくつか配られたのだ。

まず、前歯を使って大雑把に食べたあと、スプーンで残りをかき出して口に入れる。普通のスプーンでは大きすぎるので、小さいのを探してみた。八月十五日の光復節〔独立記念日〕に、特別食として出されたアイスクリームの小さなスプーンが見つかった。プラスチック製だ。刑務所では、あらゆる物資が貴重なのだ。こういうスプーンから、食べ終えたカップラーメンの容器まで、捨ててしまわずに取っておいていろいろな用途で活用する。すぐには使わなくても、いつかは役立つものだ。アイスクリームの容器はきれいに洗って調味料入れとして使っているし、小さなプラスチックのスプーンは、今こうして栗を食べるのにひと役買っている。ただし、物を捨てずに山積みにしていけば、ひと坪にも満たない部屋はどんどん手狭になっていく。だから日を決めて、使用頻度が低いものから順に捨てるのだ。

使えるものをせっせと貯めこむのも大切だが、不要なもの〔本当はないのだが〕を思いきって捨てることも、刑務所で要領よく暮らすコツだ。だから、自分の部屋にある荷物の総量は、出たり入ったりして常に一定に保たれている。それでも長く暮らしていると、だんだんと増えて限界を超えることもある。おいそれとは物を捨てない家族を見て育ったせいか、わたしはどんなにくだらない物でもなかなか手放せないのだ。最近の若い人が、たいして履いてもいない靴下やパンツを汚ないからとすぐに捨てる感覚など、まったく理解できない。実際、刑務所で物が捨てられているのを見ると、ぞっとする。残飯を捨てるのも同じこと。こんなふうに資源を浪費していて、この社会や自然は持ちこたえられるのか……。この問いには、首を横に振るしかない。

出所して暮らすようになったら、やむを得ない場合を除いては、必要なものをすべて手作りするか、もしくはリサイクル品を使うつもりだ。独り暮らしを始めた二十代のうちから、すでに実践してきたのだから、何も難しいことはないだろう。アメリカで暮らしたときにも、生活必需品はほとんど道端で拾ったりガレージセールで手に入れていた。もともとわたしは、どんな物であれ、自分で作って使うのが好きだから、たいていの物は手作りしようと思う。おそらく、わたしのような人間は、消費を美徳とする資本主義社会からは煙たがられるのだろう。かといって、このわたしも、資本主義の浪費文化のなかで暮らす術を心得ているのだから、一方的に資本主義の悪口を言うわけにもいかない。それはともかく、消費を奨励する仕組みになっているこの社会が無限に続くはずはないのだ。地球の資源には、限りがあるのだから。

栗の話をしていたのに、いつの間にか資本主義の話になってしまった。

ここでは、栗というのはめったに口にできない貴重な食べ物。もしや、かけらがこぼれ落ちはしないかと細心の注意を払いつつ、小さなスプーンで殻の内側を削りとっては口に運ぶ。食事前で腹が減っていたせいか、栗の甘さがシュワリと口じゅうに溶け広がって、今にも頬が落ちそうだ。一見、すべて食べ尽くしたようでも、もう一度スプーンで隅から隅までこそいでみると、まるでかつお節のように次々と出てくる。すっかり食べ終えると、口に水を含んで、最後までその余韻を楽しんだ。

こうしてみると、味というものは、食べ物それ自体というより、空腹や思い入れから出てくるものかもしれない。いい具合に腹が減り、料理を作る人の真心と食べる人の感謝の念が出会ったなら、どんな食べ物でもおいしく感じるはずだ。そう考えると、若い頃、実家で暮らしていた時分に、食事の時間がおっくうでたまらなかった理由がおのずからわかってくる。食べ物のありがたさも知らず、心が閉ざされていたのだから、まともに味わえるはずなどないだろう。

今日の開天節、おまえたちはどう過ごしたのだろう。こんな日には、家族そろって栗園にでも出かけ、栗拾い競争でもしたら盛り上がること間違いなしだ。夕方には、拾ってきた栗をホクホクに茹でて、みなで輪になって殻をむいては口に放り込む。出所したら、ぜひ実現したいプランだ。

（1993・10・3）

野草茶に惚れ込んで

玄微《げんび》。むかし、茶に通じていたある人が、奥深く繊細な茶の味をこう表現したそうだ。おそらく、この表現でさえ、苦しまぎれだったのだろう。あの奥深さ、繊細さを言葉で表すことなど、しょせん無理なのだから。

「ムショ暮らし」で茶の味を知ったなどとうそぶいたら、まず一笑に付されるだろう。それもいたしかたあるまい。錆《さび》で赤茶けた水道水を、練炭の火でグツグツ沸かす。その湯でもって、狭苦しい刑務所の運動場で育てた野草の葉を煮出して飲むのだから、「玄微」どころか「軽薄」という言葉さえもったいないと言われかねない。実際のところ、ここには茶道を楽しめる要素など、何ひとつないのだ。

六年前に移ってきた当初には、ここの水が嬉しくて仕方なかった。大田《テジョン》刑務所でひどく臭う水道水ばかりを飲んできたのが、ここに来てみたら、同じ水とは思えないほど新鮮だったのだ。みな、ミネラルウォーターだと言っては蛇口に口をつけてがぶがぶと飲んだものだ。

しかし、そんな古きよき時代も長くは続かなかった。二年ばかり過ぎてみると、消毒薬の臭いがだんだんと強くなって、最近では錆混じりの水がこれでもかと出てくるのだ。どれほどひどいかというと、少なくとも五分以上は蛇口を開けておかなければ、水の色が透明にならないくらいだ。三十分以上出しっぱなしにした水でも、白い皿に入れてひと晩そのまま放っておけば、赤い錆が下に溜まっている。本当に、ぞっとするよ。人間の体内に、どれくらいの酸化鉄が溜まれば副作用が起きるのか――これが、目下、わたしの研究課題だ。とにかくわたしは、こんな水を沸かして茶を入れている。茶具としては、刑務所から支給された黄色いアルミニウムのやかんと、同じく黄色いプラスチックのコップを使って……。この実情を知る人なら、わたしの口から茶道という言葉が飛び出すなど、思いもよらなかったはずだ。

それでもわたしは、この手紙を「玄微」という言葉で始めた。今日、一杯の茶を飲んでいて知らず知らずのうちに浮かんだ言葉。どこかで耳にした言葉をただ思い出したのではなく、茶を味わうわたしの口とそれを受け容れる全身の感覚が、この言葉を自然と思い起こさせたのだ。そこでわたしは、とまどいつつも、こんな結論を出してみた。茶道の形式や条件が整っていないところでも、「誠」と「情」でもって茶道を楽しむことはできるのだ、と。こういう言葉がある。「空腹こそが最高の食欲」。ひどい食べ物でも、腹が減っているときにはとてもおいしく感じられるもの。これと同じで、清潔でない水と材料で沸かした茶でも、渇ききった人間にとっては最高の茶となるのだ。

ところで、最近とくに気に入っている茶について、少し説明しよう。以前は、湯を沸かしたものに、乾燥させたヨモギやウツボグサを入れるだけで飲んでいたのだが、近頃では廊下にストーブが設置されたおかげで、もっといろいろな工夫ができるようになった。

試行錯誤の末、じつに芳醇《ほうじゅん》なブレンド茶の開発に成功した。作り方は、こうだ。まず、パサパサに乾いたキクの花五、六房とアワコガネギク一、二房、それからアニスの種を数個（前回の社会見学のとき、寺で坊さんが保存していたのをこっそり頂戴したもの。この香りがまた格別）、目の粗い布袋に入れ、やかんに水をコップ四、五杯分くらい入れて沸かす。一度煮立ったら、ストーブのフタを調節してやや弱めの火加減で二十分ほどグツグツ煮出す。それをコップになみなみと注ぎ、よく乾いたヨモギの葉を一枚浮かべて、しばらくおく。それがすんだら、姿勢を楽にしてゆったりと味わうのだ。

ここで大切なのは、四種類の材料のうち、どれひとつとしてほかの味を殺すことのないよう、うまく配合することだ。この四つが絶妙に調和する状態を見つけ出すまでには、幾度となく失敗を繰り返した。

四種類が完全な調和をなすと、これがなかなかの味わいとなる。舌の先でゆっくり転がしてみると、四種類それぞれが別個に感じられる瞬間もあれば、二種類、三種類が溶け合って生まれる味もあり、四種類すべてをミックスした味もある。計算してみると、この四種類が配合されて生まれる味は十五種類にもなるのだが、人間の舌でそれらをすべて区別するのは至難の技だ。とにかく、いまだ名もないこの茶の味を吟味するひとときが、一日のうちでもっとも満ち足りた時間と言えそうだ（これまで使ってきたキクの花は、味も香りも見劣りする早生種《わせ》だったが、今ちょうど、抜群に香りのよい晩生種《おくて》を乾かしているところだ。一か月もすればこの茶の味も、一段と深みを増すだろう）。

わたしが野草茶に惚れ込んだのは、みな、山野草博士チャン・ジュングン氏のおかげだ。野草研究に目覚めた頃、テキストとして使ったのが彼の本『身体に良い山野草』(ソゴ出版社)だった。この本は、四分の三が画集で残りが解説なのだが、この解説、学問的な知識を羅列してあるのではなく、「山の野草オタク」チャン博士の経験談と知識が記録されているもので、きわめて実用的なのだ。

本格的な野草茶の味を引き出すためには、釜で煎るべきところだが、ここでは夢のまた夢。それでも、乾かしただけのものでここまで楽しめるのだから、感謝すべきだろう。

(1993・11・21)

2

小さな命という宇宙

――安東刑務所にてⅡ

こんなことを思ってみた。真心や懸命さというものは、何かが欠乏しているところから生まれてくるのではなかろうか、と。もしも、緑あふれる森のなかで暮らしていたら、これほどまで真剣に花壇の手入れをしただろうか、と。

……こうしてみると、殺風景な刑務所で出会う傷だらけの野草たちは、わたしの人生を豊かにしてくれる大切な「獄中の同志」なのかもしれない。

種

どんなに祈っても素知らぬ顔をしていた空が、昨日になってようやく恵みの雨を降らせてくれた。たっぷりとまではいかなかったが。ちょうど、種蒔きを終えたばかりだったので助かった。

ところで、今年の農業計画はこんな具合だ。サンチュ三畝、シュンギク一畝、オオバコ一畝、エゴマ二畝、ヨモギとウツボグサを合わせて一畝の、合計八畝。それにもう、野草園では多年生の野草が次々と顔を覗かせている。今、いちばん元気なのは二年めのニラだ。

おかげで、近頃の運動時間は息つく暇もない。まずはテニスをひと試合。野菜畑に水をやり、草取りもする。草が茂りだしたら、これに輪をかけて忙しくなる。せっせと摘んでは料理するのも、わたしの任務なのだ。いわばわたしは、この棟の農民兼料理人といったところだ。

野菜畑に蒔く種を手に入れるには、大きく分けて三つのルートがある。ひとつめは、小さな畑を持っているほかの工場から分けてもらう方法。たいてい、自分の畑に蒔いた残りがあるものなのだ。もちろん、その工場に気のおけない仲間がいれば簡単にもらえるが、そうでなければスルメ数枚でも進呈しないと手に入らない。ふたつめは、普段から親しくしている担当矯導官を通じて入手する方法。塀のなかも「小さな社会」だから、物資の流通を円滑にするためには分け隔てなくよい関係を作っておくことがポイントになる。三つめは、先に出所した仲間に頼んで送ってもらう方法。今回の種は、去年出所した友人が郵送してくれたものだ。

その友人には、在来種の種がほしいと頼んでおいたのだが、手紙とともに送られてきた種は、一般の種苗店で売っているものだった。母親が田舎で農業をしているというので期待して頼んだのだが、その実家にも在来種の種はなかったという。それも無理はない。今のように産業化された時代には、どこにでも安くて質のいい輸入改良種があふれているのだから、後生大事に在来種の種など取っておく必要がない。それに、種というものは一、二年栽培を中断したら自然と失われてゆくものなのだ。

在来種が消え去った社会、在来種が消え去っても誰も悲しまない社会、そんな世のなかに生きているのだ、今、わたしたちは……。

（1994・4・8）

根気強くも、調和と均衡を保って

「おお！　麗しきかな　わびしき我が心に　限りなく湧き上がる清らかな愛よ
おお！　麗しきかな　われ影もなく　この世の万物の薫りと光にて
被造物の悦びを賛美する　ここに小さなこの身のあることを」

（聖フランチェスコ『太陽の賛歌』より）

窓を開けると、半分に切り取られた山が目の前に現れるのだが（立ちふさがっている別棟のせい）、このところ、アカシアの強烈な香りに心揺さぶられる。顔を上げて山を眺めると、三種類の緑がまるで競い合うかのようにわたしの目を楽しませてくれる。薄暗くくすんだ緑色の松と五月の水分をたっぷり吸い込んだ新緑のクヌギ。そして、威厳を示すかのように山の至るところでゆさゆさと揺れているアカシアの白みがかった草色。夕陽の光ですべてが同じ色に染まらぬうちに、しっかりと目に焼きつけておくとしよう。

今日は、夕刻が迫るまでずっとスケッチをしていた。青い空を背景にした、一群のヒマワリ。深い空の青を出すのにひどく骨が折れた。スケッチをしていていつも感じるのは、ざっと見るだけでは対象を的確に把握することなどできないということだ。その対象を数十回、数百回と眺めまわしたところで、直接描いてみなければ本質は見えてこない。百聞は一見にしかず、ということわざは言い得て妙だ。ただし、一度描くだけではまだ足りない。二度、三度と描いてみると、最初の作品がどれほどいい加減だったかがわかってくる。

そして、もうひとつ。ディテールと全体との調和の問題だ。ディテールにばかり気を取られて、時の経つのも忘れて描いていると、往々にして全体の調和が崩れてしまいがちだ。初心者はたいてい、ディテールが集まって全体を形づくると思い込んでいるから細部にこだわるのだが、実際は、その正反対だ。ディテールは、全体との関連においてのみ意味を持つ。だから、一度描いてみたら、必ず全体との調和を確認しなければならない。いや、はじめから、全体との調和のなかでディテールを描いてゆくべきなのだ。

このふたつの原則は、そのまま人生にも当てはまる。第一に、何ごとも実践し、それを持続させること。第二に、どんなことであれ、全体との関連性のなかで推進していくこと。

自分では一歩も動こうとせず、頭のなかだけであぁでもない、こうでもないと迷い続け、ぶつくさつぶやき続ける毎日。わたしたちは、どれほどの時をこうして過ごしてきたのだろう。そればかりか、いったん何かに夢中になると、あとさき顧みず、それだけに執着して追いまわしてはこなかったか？

いつも、自分に言い聞かせよう。「根気強くも、調和と均衡を保って！」

（1994・5・13）

野草は大切な獄中の同志

最近、花壇の草を何種類か摘んできて、乾かしはじめた。今年はぜひとも、多彩な野草茶を試してみようと去年から準備してきたのだが、なかなか思うようにはいかないものだ。ヨモギはまだしっかり根づいていないらしく葉が開いてこないうえ、痩せた土質の影響か、この運動場ではなかなかうまく育ってくれない。オオバコは、黄褐色の斑点が出る病気にかかって全滅。かろうじてウツボグサだけがまあまあのできなのだが、ほんのわずかしかないので心配だ。痩せ地にへばりついた草を、まるで宝物か何かのように一本一本抜いているわたしの姿。おまえも、想像してみるといい。

なんとか一、二本だけでも収穫できないかと、運動靴に踏みつけられたオオバコの葉を手にとって品定めをしていたら、ふいに怒りがこみ上げてきた。ああ、目と鼻の先にあるあの山にさえ行けたなら、清潔でみずみずしい草を心ゆくまで摘むことができるのに、現実とは冷酷なものだ。これほど劣悪な環境で育った草に、本当に薬効があるのかさえ疑わしくなってくる。裏を返せば、これほど貴重だからこそ、また、劣悪な環境だからこそ、よりいっそう心を込めて世話をしているのかもしれないが。

こんなことを思ってみた。真心や懸命さというものは、何かが欠乏しているところから生まれてくるのではなかろうか、と。もしも、緑あふれる森のなかで暮らしていたら、これほどまで真剣に花壇の手入れをしただろうか、と。断言はできないが、与えられた自然の恵みをゆったりと楽しむことに、より多くの時を費やしていたに違いない。もちろん、豊かな生活環境は、それだけで意味のあるものだが、劣悪な生活環境でも、その気になりさえすれば、いくらでも満ち足りた人生を築くことができるのだ。こうしてみると、殺風景な刑務所で出会う傷だらけの野草たちは、わたしの人生を豊かにしてくれる大切な「獄中の同志」なのかもしれない。

（1994・6・1）

真夜中のコンサート

深夜の合唱。しんと寝静まった夜を引き裂くように響きわたる、ネコたちの奇声。おまえも聞いたことがあるだろう？　いつの頃からか、このあたりにも野良ネコが増えてきて、夜ごとに異様な合唱を始めるようになった。時間は、だいたい深夜の三時から四時くらいだ。深い眠りに落ちている時刻だから、それで寝つけないということはないのだが、彼らのせいで夜も明けぬうちに目覚めてしまうことも少なくない。

今日も、まるで夢のなかから響いてくるようなネコの奇声に目を開けると、めずらしくこの棟のすぐ脇に陣取って合唱練習をしているのだ。はじめは眠気に耐えかねて、無理やりその声を聞かないよう努めたのだが、気にすまいとすればするほど神経が過敏になってきて眠るどころではない。どうせ起きてしまったのだし、今日はせっかくこんなに近くで歌ってくれているのだから、この際楽しもうと腹を決めて、全神経を耳に集中させた。これまで耳にしたネコの合唱といえば、どこか遠いところからまるで子どもの泣き声のように聞こえてくる程度だったから、まともに「鑑賞」することなどできなかったのだ。

不思議なのは、どんなにうるさい音であっても、それと自分を一体化させて楽しんでしまえば、騒音ではなく音楽として聞こえてくるということだ。この手法は、インドの瞑想法のなかで、「騒音を利用した瞑想」としても紹介されている。同じように、以前はひたすら耳障りで嫌な騒音としか思えなかったネコの鳴き声が、今日は完璧な音楽として聞こえてきた。

四、五匹はいただろうか。いっせいに地声で鳴きはじめるのだが、リズミカルな和音変化やメロディーの上がり下がりからして、彼らが「和声学」をマスターしたことはまず間違いない。あるいは、造物主である「自然」手ずから、美しいハーモニーを導き出すべく指揮していたのかもしれない。まるで、チェロのようにギイギイと唸る者、ヴァイオリンのように高音を維持している者、ビオラのように甲高い声でかきまわす者……。そんな彼らの演奏はじつに変化に富んでいて、とうとうと流れる河のようであったり、突然噴き出した滝のようであったり、はたまた急流に呑み込まれたのか、狂ったようなけたたましい声を上げたりと、息つく暇もない。自由奔放にタクトを振り続けたこの指揮者は、紛れもない天才だ。見まわりの警備員が響かせる靴音に怖気づいたのか、その合唱はぱたりと途絶えてしまった。しかし、最後に明け方の空をつんざいていった奇声が、いつまでも余韻を残している。しばらくのあいだ、わたしは現実に戻ることができなかった。

こんなふうに騒ぎたてるネコの一団を、ほかの人がどう見ているかは知らないが、わたしとしては大歓迎だ。彼らのおかげで、あれほど多かったネズミがみごとに姿を消したのだから。ネズミはネズミでそれなりに愛嬌もあるが、なにせわたしの野草園をめちゃくちゃにする天敵なのだ。こんなならず者どもを追い払ってくれたネコに感謝したくなるのも当然だろう?

ほんの二年ほど前まで、ここ安東《アンドン》刑務所の夜はネズミ天国だった。午後五時にすべての鉄扉が音をたてて閉じられると、待ってましたとばかりにネズミたちが四方から飛び出してくる。暇を持てあました服役囚が前庭に乾パンのかけらでも投げようものなら、ご馳走にありつこうと一大争奪戦の幕が切って落とされる。やつらが群れをなしてひっきりなしに行き来するものだから、ついには野草園にけもの道ができてしまったほどだ。そのうえ、やつらときたらどうしようもなく食い意地が張っていて、運動場にあるもののうち、口にできるものはすべてかじり尽くすのだ。出てきたばかりの野菜の芽はもちろん、肥やしにしようと土のなかに埋めておいた残飯までも掘り出して食い尽くしてしまう。今思うと、やつらがあれほどのさばっていた時代に、運動場に生えた野草を手当たり次第食べていたわたしが、流行性出血熱にかからなかったのが不思議なくらいだ。

しかし、今はネコの天下。今年に入って一匹のネズミも見ていない。なるほど、「ネコの前のネズミ」とはよく言ったものだ。ただ、ここまで徹底してネズミが姿をくらますと、生態系のバランスが崩れてしまうのではと心配にもなってくる。なにもネズミが恋しいわけではないが、一種類の動物だけがのさばる世のなかというのは、わたしの性に合わないらしい。

（1994・6・7）

花畑どころかクソ畑

昨日から、激しい雨が続いている。これから一か月は、本格的な梅雨だという。蒔いておいたダイコンの種から、ようやく芽が出て双葉が頭をもたげたというのに、この梅雨に耐えられるだろうか。春先に植えたダイコンは、もうすでに収穫して水キムチにしてしまった。つまりこれは、今年二度めに蒔いたものなのだが、この長雨と夏の虫が待ち構えていることを思うと、あまり期待はできそうもない。

前回、ヨルムキムチ〔若大根のキムチ〕を漬けたとき、シュンギクを少し入れたらぐっと爽やかな味になった。仲間たちもみな、舌鼓を打って喜んでくれた。

ここの畑は、おもにわたしとイさんで手入れをしているのだが、イさんは人糞の肥やしが大のお気に入りで、これにはわたしもうんざりしている。毎日のように手桶をひとつ持って出て、下水道の破れた穴の前に立ち、トイレから大便のかたまりが流れ出てくるのを、今か今かと待ち構えているのだ。遠くから眺めるその姿の、こっけいなことといったら。大便(すべて未決囚のもの)がやってきた、と見るや、丸ごとすくい取ってカボチャやキュウリの根本に撒く。大便がすっかり水に溶けて出てきたら、今度は花壇全体が大便水の洗礼を受けることになる。だから、これは花畑ではなく、まったくのクソ畑なのだ。昼下がりに見てみると、花畑なのにハチやチョウではなくハエがたかっているのだから。せめて、葉を摘んで食べるサンチュと、茶にするヨモギにはやらないでほしいと懇願しても、馬の耳に念仏なのだ。そこで、「この棟の仲間の腹には、回虫がうようよしているはずだ」と言ってもみたが、「回虫の薬を飲めばすむことだろう」と、涼しい顔。あるときなどは、ヨモギを摘もうと葉をかき分けていたら、ウンコの臭いが鼻をついてきた。覗き込むと、そのなかにも大便のかたまりがころり、ころり……。これにはまいったよ。これでは、ヨモギ茶のつもりがウンコ茶を飲むことになってしまう。もちろん、子どもの頃、「純大便水」で育てた「トゥクソムカルビ」ばかりを食べて育ったわたしにとって、この程度はどうということもないのだが、それでも肥やしの主人公が人糞だとわかって食べるのと知らずに食べるのとでは、だいぶ違うだろう？

ソナ、「トゥクソムカルビ」って何のことかわかるか？　おまえは幼かったからピンとこないだろうが、七〇年代に再開発ブームが起こるまで、トゥクソム一帯はソウル市民に野菜を供給する広大な野菜畑だったのだ。その頃の食卓には、いつも青い野菜だけがのっていた。肉などは特別な日にしか口にできなかったからな。それで、トゥクソムでは、地元で栽培した野菜にいちばんおいしい肉の名をつけて、皮肉混じりに「トゥクソムカルビ」と呼んでいたのだ。当時はほとんどの家が汲み取り式便所を使っていたから、そこから人糞を汲んできては畑に撒いて野菜を育てた。だから、あの時代の子どもたちはみな腹に回虫を飼っていて、黄色い顔をしていたものだ。衛生面の問題さえなければ、汚物を食糧生産に活用していたという点で、生態環境的には今よりずっと優れた社会システムだったのだが……。

（1994・6・23）

強盗と矯導官

うだるような暑さだ。それでも梅雨の合間の晴天だから、なんとか凌いでいる。こんななか、草たちは日ごとにぐんぐん生長していて、キュウリやカボチャなどは、数日のうちにすっかり大きくなった。とくにキュウリは腕ほどの太さになっていて、うっとりするほどのできばえだ。この実を熟成させて種を取ろうと、ほかの服役囚に持っていかれないようカボチャの葉にくるんでカムフラージュしておいた。大切に育てている子どもがいると、誰でも心配性になるようだ。毎日、そそくさと出て行ってはキュウリやカボチャをいちいち数えている自分の姿を思うと、われながらおかしいものだ。おそらく、ノルブ〔韓国の民話に出てくる強欲な人物〕が蔵の戸を開け放して中身を点検していたときも、こんな気分だったのだろう。

笑いついでに、今日、廊下で起こったおもしろいエピソードを話してやろう。

夕食が配られる前の、静まり返った午後だった。部屋で独り本を読んでいたのだが、棟のソージ〔日本語で、棟の雑用をする人のこと〕が新米に代わったのか、担当矯導官の取り調べのような声がドアの外から聞こえてきた。

矯導官：おい、おまえは何をして捕まったんだ？
強　盗：強盗です。
矯導官：おまえ、ナイフを持っていたのか？
強　盗：はい。でも、ナイフを使うことはまずありません。
矯導官：もし、家の者が怖がりもせず「刺せるものなら、刺してみろ！」と言ったらどうするつもりだ？
強　盗：刺すでしょうね。
矯導官：……。仮に、自分の家に強盗が入ったとしよう。どうすれば、痛い目にあわず追い出すことができる？（矯導官は、当事者からノウハウを得ようとしているらしい）
強　盗：黙って金を渡せばいいでしょう。
矯導官：ええい、この、ずうずうしい強盗野郎め！（声と同時にパシンと頭を叩く音が響く）

わたしはドアの外から聞こえてきた、この大まじめなジョークに、腹を抱えて笑い転げた。あんまり笑いすぎたので、涙が出てきたほどだった。ここにいると、こういう殺人的なコメディーがときおり飛び出してくる。脚本があるわけでも、誰かを笑わせようというのでもないのだが、これほど愉快な状況が演出されるのだ。こういう話を集めておいて、塀の外に出てから本にすれば、飛ぶように売れるだろうと考えたこともあったくらいだ。だが、時が経てば忘れてしまうもの。今日は偶然、手紙を書く直前に起きた出来事だったから、こうして記録できたのだ。

（1994・6・30）

エノコログサ

あの小さなフサのなかに

今、描いているエノコログサ〔俗称ネコジャラシ〕は、とても幸運なやつだ。午後になって、毛布をはたきに裏庭に出ると、片隅にエノコログサが茂っていた。ここ数日の雨で、一気に育ったようだ。しばらく毛布をはたいていると、塀の向こう側からザクリザクリとシャベルで地面を掘りかえす音がする。言わずと知れた、愛しき草たちの「天敵」、清掃員が作業を始めたのだ。まったく、この方々のおかげで運動場には草一本残らない（もちろん、彼らだって上から言われるまま、嫌々働いているのだろうが）。草が少しばかり伸びてくると、すかさずなぎ倒しては根こそぎ掘りかえしてしまう。だから、ここの草は伸びるよりも前に、花だけでも咲かせようと必死なのだ。それでも、梅雨のおかげでヒユは二度も収穫できたが、スベリヒユは油断した隙に清掃員が刈り取ってしまって、まったく口にできなかった。とにかく、われらが所長は重度の潔癖症を患っているのか、地面に草一本生えているのも許せないらしい。

このエノコログサは、彼らがやってくる前に一本だけでも救ってやろうと抜いてきたのを、じっくり観察してスケッチしたものだ。そうしているあいだに、こいつの仲間たちは無残にも地べたに倒れ込んでいった。

毛布をはたきに行ってエノコログサが目に止まった瞬間、ふいに子ども時代を思い出し、フサの部分だけを取って半分にちぎり、八ひげにした。そのまま部屋に戻ってきたのだが、しばらくそうしていたら鼻の穴がこそばゆくなってきた。どうもおかしいので取ってみると、その小さなフサのなかに、米粒ほどの虫たちがうごめいているではないか。本当に、この世の命は無尽蔵だ。痩せ細った大地で気ままに伸びる一本のエノコログサ。その小さな世界に息づく、ありとあらゆるちっぽけな虫や菌類に思いを馳せれば、この宇宙が、ごく小さなものからごく大きなものまで、さまざまな存在のひしめき合う大饗宴場のように思えてくる。わたしたち人間は、そのまんなかで、バランス軸の役割を担っているのかもしれない。大きさからしても数からしても、そうだろう。存在のバランス軸としての人間！　遥かなる進化の歴史のなかで、なぜ人間がこうした位置に立つこととなったのだろうか。偶然の歴史を主張するジャック・モノーならそれも偶然にすぎないと答えるだろう。しかし、わたしたちキリスト教徒は正反対の解釈をする。この世の万物を創造された神が、それら創造物を治め、管理する主体として人間を造られたのだと。つまり、神はわたしたち人間に、バランス軸の概念を吹き込んでくださったのだ。ところが、実際に人間がたどってきた歴史はどうであったろうか。

存在のあいだでバランスを維持するどころか、逆に、互いに虚勢を張っては闘い、殺し、破壊し合って、存在するものたちの秩序を乱している。愚かなるわたしたち人間は、自分がいる地球上の生物を滅亡に追い込んでおきながら、よその惑星の生物を発見しようと躍起になっているのだ。これでは、居心地のよい自分の部屋を売りに出して、他人の家の物置部屋を手に入れようとしているも同然だ。聖書では、これを

原罪と説明している。この原罪の歴史のうえに、人間個々人の罪が加わって累積され、膨張した結果、こんにちよく耳にする「カオス」の状態に至ったのだ。二千年前、イエスが生きていた時代も状況は似ていたらしい。当時、イエスが、死を迎える直前までもっとも力を込めて説いたことは何であったか？「おまえたちが悔い改めなければ、すべては滅亡する。さあ、心を入れ替えて神が人間を創造された当初の目的を胸に刻み込みなさい。

バランス感覚を取り戻すのだ!」ということではなかったろうか。イエス亡きあと二千年が過ぎた今でも、こんなありさまなのだから、わたしたちキリスト教徒はこれまで、イエスの名を売りものにして、的外れなことばかりしてきたように思えてならない。実際、近代以降の歴史を振り返れば、現在の破滅的な文明の膨張に、キリスト教徒が決定的な役割を果たしてきたのは紛れもない事実なのだ。だからといって、今さら、特別な対処方法があるわけではない。二千年前、イエスが示された教えをしっかりと実践する以外には。

「バランス感覚を取り戻すのだ!」

イエス直々の言葉ではないが、福音書を読むたびに、きまってこのメッセージが胸に残る。そして、二十一世紀には、キリスト教文化がアジアで新たに花開くように思えてならない。バランス感覚に対する伝統がもっともしっかり息づいている地域は、まさにアジア、とくに東洋なのだから。

今日、わたしがエノコログサからバランス感覚を見出したのは、けっして偶然ではない。エノコログサで八ひげを作るには、つめを立ててフサを半分にちぎるところから鼻につけるまで、きわめて高度なバランス感覚が求められるのだ。おまえも今すぐ外に飛び出して、エノコログサを折って八ひげを作ってみなさい。新たな境地が開けるはずだ。

(1994・7・9)

天まで届け、キュウリの蔓

骨まで溶かすような猛暑が続いている。鍋にジャガイモを入れて蒸すときの、ジャガイモの気持ちがよくわかる。とくにここは、コンクリートの建物の最上階。昼間の太陽に焦がされた天井が、夜にはむんむんとした熱気を放つから、部屋で座っていると尻よりも頭が火照ってくるのだ。昼は、たとえ暑くてもドアを開けて廊下を行き来していれば気分転換にもなるのだが、夜になると閉じ込められてしまううえ、闇に包まれているのでいっそう暑さが身にこたえる。それでもわたしは痩せているほうだからまだ我慢のしようもあるが、太めの人はいかにも辛そうだ。この棟では、肥満ぎみのキム・ビョンジュさんとパク・ホンスンさんが、夜ごとに憔悴しきっている。わたしの場合、どうしても耐えられなければ手桶で水をかぶったりもするが、普段は何かに集中することで暑さを忘れようと努めている。集中すらできなければ、いっそのこと眠ってしまうのだ。

ここに描いたのは、何かわかるだろう？　そう、キュウリだ。今日、運動場に出てみたら、キュウリの蔓を結んであった紐が外れて、蔓がだらりと垂れ下がっていた。急いで引き起こそうとした瞬間、誤って茎の先端部分を折ってしまったのだ。ちょうど、キュウリがたわわに実った最盛期だというのに、こんな惨事に見舞われるとは！　捨てるに捨てられず、部屋に持ち込んでスケッチしてみた。先っぽを失ったキュウリの木は、そのすぐ下に五、六個の実をゆらゆらとぶらさげている。味のほうは、まだわからない。初めにできたのは、誰かがこっそり持ち去ってしまったのだ。だから最近では、よりいっそう監視の目を光らせているのだが、なにせわたしは囚われの身。運動時間が過ぎれば戻ってこなければならないから、それにも限界がある。

今、出ているキュウリの蔓は、すっかり生長したのが二本と、これから伸びていくのが一本。先週、種を採るため、わざとしなびるまで放置しておいたキュウリを手に取り割ってみた。これも、誰かに持っていかれないよう、カボチャの葉で包んでカムフラージュさせ、やっとここまで熟成させたものなのだ。ところが、なかを見てみると、なんということだ！　種がひとつもないではないか。腕ほどもあるキュウリに種がひとつもないとは！　捨てるのも忍びなく、薄切りにして塩漬けにし、コチュジャンで和えて食べたのだが、あまりのまずさにほとんど口をつけずに残してしまった。幼い頃、おふくろが和え物にしてくれた古キュウリは、それなりにおいしかったはずなのだが。わたしの味覚が変わってしまったのか、それとも調理法を誤ったのか……。

キュウリやカボチャの蔓の生長点のあたりを見つめていると、造物主の創造力におのずと頭が下がる。若草色の小さなかたまりのなかに、これから開かれてゆくものすべてが緻密に凝縮されているのだ。この蔓が伸びゆく勢いのすさまじさといったら！　いちばんの伸び盛りには、一夜にして十センチ以上も生長する。スケッチでは、ボールペンで適当にごまかしてしまったが、キュウリの蔓の先端を手に取り、明る

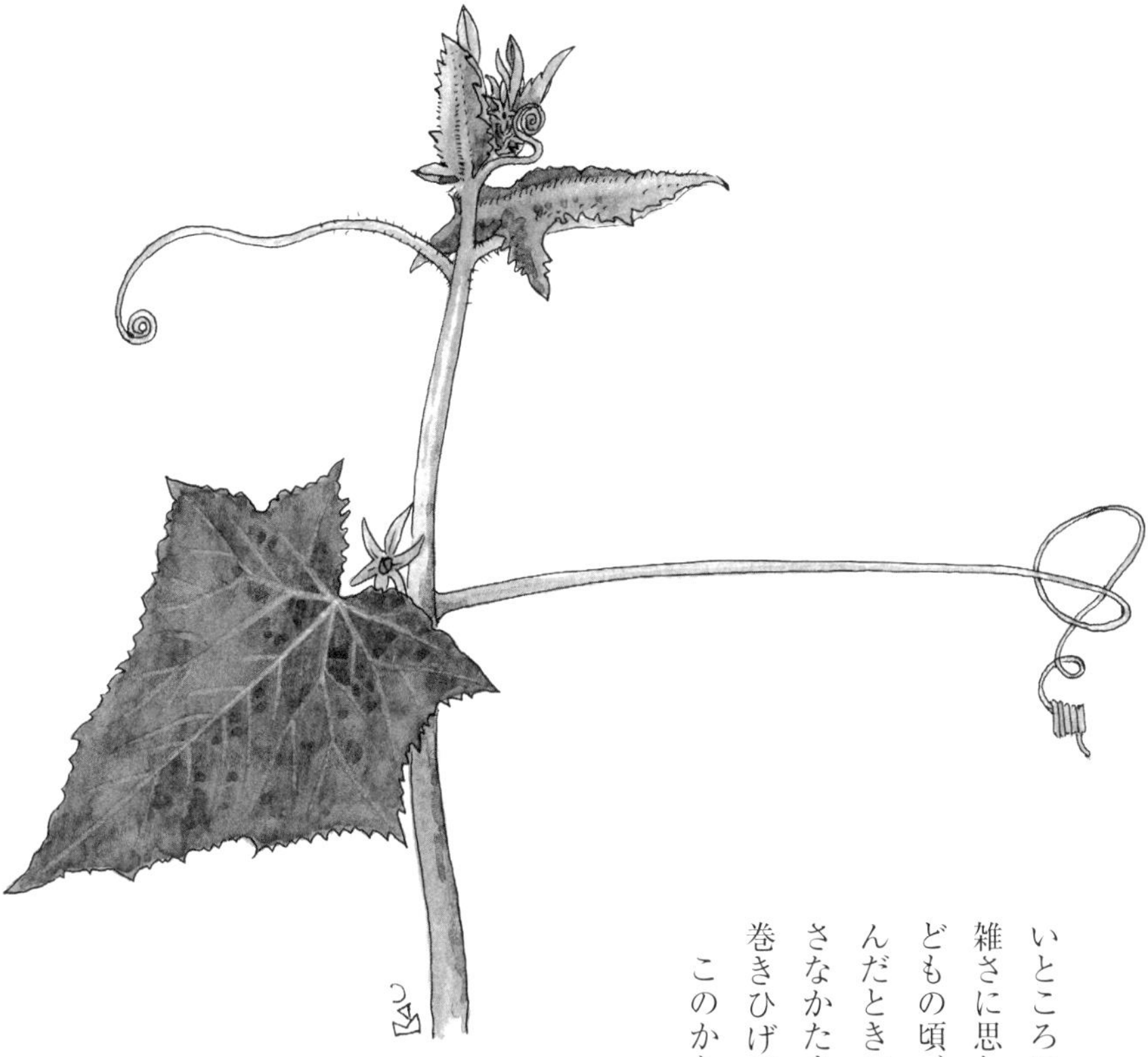

いところで虫眼鏡を覗いてみると、その精巧さと複雑さに思わずため息が出るほどだ。この感動は、子どもの頃、初めて時計のふたを開けてなかを覗き込んだときの衝撃にも匹敵するだろう。あんなにも小さなかたまりのなかに、少なくとも三つ以上の花と巻きひげがミニチュアになって納まっているのだ。

このかたまりが、下から水分と栄養を供給されて日に日に生長し、本来の姿を現していく。

キュウリの蔓のうち、もっとも神秘的なのは巻きひげだ。できることなら、低速カメラで巻きひげの生長と運動を連続撮影してみたい。植物の巻きひげは、昆虫の触角と同じような役割を担っているらしい。巻きひげの感知能力がどれほどのものか、知りたいだろう？　試しに、蔓の進行方向より

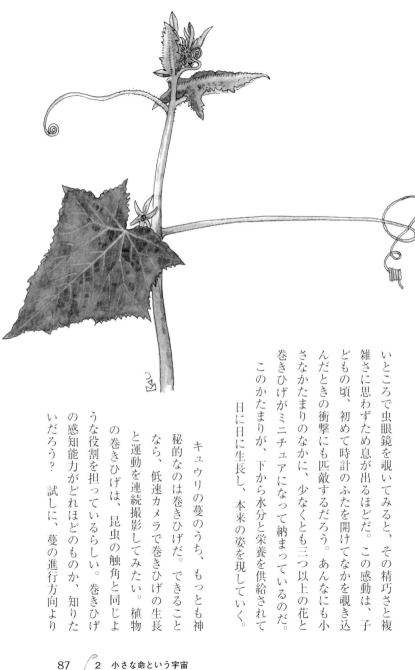

やや外れたところに割り箸をさしてみたことがある。翌日、行ってみると、巻きひげはその割り箸を探りあてて、しっかりと巻きついていた。この実験を繰り返した結果、巻きひげは能動的に、自分が巻きつくべき対象を探していることが明らかになった。そして、らせんを描いて伸びることで、自分よりもずっと重い物体をぶら下げていられることもわかった。ベッドや自動車のスプリングのような役割を果たしていると思えばいい。

　こうしてみると、植物は動物以上に能動的に、みずからの生きてゆく条件を整え、また生きる道を開拓しているように思える。もし、わたしに特殊な霊能力があったなら、植物も知能と感情を持つ生命体だということを証明してみせるのだが……。

（1994・7・13）

ニワトリ蔓草

とっておきの観葉植物

昨夜の雷雨で、十日以上も続いていた猛暑が影を潜め、今日からは例年なみの気温に戻ってくれた。かんかん照りのなかでもいちばん元気に生命活動を見せていた植物は、ここに描いたニワトリ蔓草「ツルタデ」だろう。照りつける日差しと乾ききった地面に挟まれて、植物という植物が生気を失っているときでも、こいつだけは独り生き生きとして、思いきり四方に蔓を伸ばしては自分の領域を拡げていた。蔓の仲間のうちで、見た目はいちばん弱々しいのに、生長する勢いはもっとも強靭なのだから、まさに外柔内剛の代表選手といえるだろう。

こいつは、三年前に臨河《イムハ》ダムへ社会見学に行ったとき、公園の芝生から、手のひらより小さい株を採ってきて植えたものだ。世話を

せずとも、勝手に種を落としては年ごとに芽を出している。そのうえ、春先に蔓の先端を鉄格子に巻きつけておけば、夏には鉄格子全体を覆い尽くす。そろそろ花を咲かせる頃だが、この花はあまり見栄えがしない。薄緑色の花が小さく寄り添うように咲くのだが、その容姿は一見して花とも思えない。生命力が強いものはおしなべてそうだが、こいつも種をつけるとなるとすこぶる大量生産だ。その種が、また変わっている。あまりに堅いので、歯で割ろうにも割れないのだ。これほど堅い殻を、柔らかな芽がどうやって破り出てくるのか、不思議でならない。

だいたい、「ニワトリ」のつく植物はしぶとい生命力を備えているようだ。ニワトリ蔓草のほか、よく知られているものに「ニワトリ小屋草」がある。ツユクサのことだ。一説によると、この草はニワトリ小屋の近くでよく育つからこう名づけられたというが、「ニワトリ蔓草」も同じかもしれない。幼い頃の記憶を呼び起こしてみると、ニワトリがツユクサをついばんでは、くちばしからぶらつかせていた姿がありありと思い出される。そんなふうにつつかれても、真夏の日陰に花開いた青いツユクサの花は、みずみずしい草地のなかで美しく輝いていたものだ。あの頃、虫眼鏡でも持っていたなら、めずらしい形をした花の内部を観察しようと、日がな一日、地べたにはいつくばっていたに違いない。

ニワトリ蔓草やツユクサは、食べられることは食べられるが、特別印象に残る味ではない。だからわたしは、ミックス野草のナムルを作るときなど、かさを増すために入れている。あまり美味でもなく、花もどうということのないニワトリ蔓草は、その旺盛な生命力と青々とした葉を活かして、夏の観葉植物として楽しむのにうってつけだ。多年生のツタなどは、秋の紅葉が目に鮮やかだが小規模の飾りには向いておらず、アサガオの蔓は毛むくじゃらのうえ紅葉も美しくない。ヒルガオは蔓が短いし、ママコノシリヌグイは全体がトゲに覆われていて恐怖心を煽る。ガガイモの蔓はうようよと虫が集まってくるので適当とはいえず……。こぢんまりした壁や庭園の石を彩る一年生の観葉植物としては、やはり虫もつかず爽やかなニワトリ蔓草がお勧めだ。あるいは、蔓豆も悪くない。

今日は、わたしの誕生日。制憲節〔憲法記念日〕で出た白飯と牛汁で誕生日の宴を催し、仲間たちの歌うバースデーソングに祝福されて、和やかなひとときを過ごした。そればかりか、これまで描いてきた絵のなかから十点を選び出して棟の廊下に貼り出し、運動時間のあいだに簡単な展覧会まで開いたのだ。おもに、裸婦像と開放感あふれる風景画だったから、楽しく観てもらえたようだ。観客はたったの七人だったが、それでも初の個展だ。意味深い展覧会だった。晴れて出所して田舎に住みついたら、農場の庭で二度めの個展を開こうと、今から構想を練っている。

（1994・7・17）

最高のミネラルウォーター　尿療法Ⅱ

待ちこがれた雨が、ようやく降ってくれた。一日じゅう、どんより曇っていた割にはたいした雨量ではなかったが、それでも大助かりだ。いっときであれ、草たちはほっとひと息つけたに違いない。だが、たった半日の日差しで、またもカラカラに乾いてしまった。朝、外に出てみると、エゴマの葉がすっかり干からびて、葉によってはまるで茹でたかのように縮んでいる。カボチャの葉も黄ばんでしまい、これでは食べようがない。

わたしは再度、心に決めた。八月一日から、もう一度、無期限で尿療法に取り組むことを。わたしひとりではなく、隣室のイ・ソンウさんも再挑戦を約束してくれた。イさんは、あらゆる老人病を抱えていて、はた目にも気の毒なほどだ。

どこかを悪くしても適切な治療がままならないところにいるのだから、自然療法にすがるほかない。去年、尿療法を試みたのは、気管支炎と腰痛のためだったが、今回の目的は歯の治療だ。どんなにせっせと磨いても、治るどころかますますひどくなっていく歯と歯ぐきをこれ以上放っておくわけにはいかない。

本格的に、飲んで治すことにした。

尿療法に関する日本の本を一冊読んだのだが、前回おまえが差し入れてくれた本では触れていなかった事実をいくつか知ることができた。ところで、この本に登場するある人物は、朝、出勤するとき、口に含んだまま電車に乗り、会社で吐き出すという。考えるだけで頭がくらくらする。とてもそこまでは真似できないが、現在のわたしとしてはこれ以外に方法がないのだから、一念発起して頑張ってみることにした。

これまで検討してきた関連書籍から確認できた尿療法の効果は、次のふたつに集約できる。

●身体の自然治癒力を増進させる。
●尿のなかには、自分の身体の病を治療してくれる物質が含まれている。

まず、尿は、人間が入手できるミネラルウォーターのうち、最高の成分を含んでいるという。尿のなかにはわたしたちの身体に必要な微量の元素が多く含まれていて、これらが体内に入ると生命力を活気づけてくれる。ふたつめの項目は、すぐには理解しづらいかもしれない。しかし、人間の体内に菌が侵入すると、それを退治するための抗体がただちに形成されることさえ知れば、イメージしやすくなるだろう。だから、尿療法には自分の尿がいちばん効果的なのだ。エイズ患者の体内では、エイズウイルスを殺すキラー細胞が生成されるという。だが、これはごく微量で、たいした役割は果たせないようだ。いまだエイズ治癒の報告はないが、癌治療に関する報告は非常に多い。刑務所内で耳にした話によれば、光州《クワンジュ》の長期囚、ソン・ユヒョンさんが癌に侵されて、大量の薬で延命している状態だったのが、獄中で尿療法を実践して完治したという。ここに、日本の本から抜粋した内容を紹介するから、ざっと読んでみるといい。

「実際に尿は少しも汚いものではないんです。唾でも、一旦外に出したものを飲めと言われても飲まんでしょう。しかし、本当は常に口の中にある唾を我々は飲み込んでいる。キスをすればどうしたって、相手の唾を飲んでいる。ところが、外に吐いた唾だとたんに不潔な気がする。

尿もまったく同じです。汚いように思うのは、そういう教育をされたため、根深くできあがっている先入観のせいです。

どうしても尿と大便とは一緒に扱われがちですが、大便は食べ物の残りカスや腸内細菌、さまざまな分泌物であって、一方の尿は、少し前まで血液として体の中を回っていたもので、両者はまったく違った経路を辿って排出されるものです。

尿は、血液が腎臓で漉《こ》されて、尿管を通り、膀胱に溜って出てくるものですから、血よりもきれいなものなんです。

血をとってしばらく置いておくと、赤い部分が沈澱して、黄色っぽい上澄みができます。あれが尿と思ってほぼ間違いない。つまり血清ですね。

だから、健康な人であれば、完全に無菌です。」

（『新・事実が語る尿療法の奇跡』監修／中尾良一、ＪＩＣＣ出版局）

ここに長々と引用したのは、おまえにも尿療法に挑戦してほしいからだ。健康維持や疲労回復、とくに肌の美容にもよいという。何よりも、すぐに疲れやすいおまえには、ぜひ試してみてほしい。本に紹介されているある講師は、一家で尿療法を実践している。家族のうち、カナダ在住の年老いた母親が来日したとき、飛行機のなかで排泄した自分の尿をすべて飲んでしまったという。そうして日本に到着したのだが、少しの疲れも見せることなく、すぐに友達と遊びに出かけたというのだ（この人は、八年間実践している）。

わたしは今、けっして好奇心やおもしろ半分で勧めているわけではない。去年は、気持ちがついていかず、四か月でやめてしまった。必ずよくなるという信念のもと、真面目に取り組まなければならないのに、それができなかったのだ。

できれば、実行に移す前に関連文献をひととおり読み、充分な情報を得てから始めるといい。もちろん、早く始めるに越したことはないがね。ひとつだけつけ加えると、赤ん坊が母親の胎内にいるときの羊水は、尿とほぼ同じ成分だという。赤ん坊は、そのなかで羊水を飲み、それを尿として排出しては、また飲むことで、十か月間成長を続けているのだ。この例だけでも、尿が最高のミネラルウォーターだということがわかるだろう。

ぜひ一度、真剣に考えてみてほしい。

（1994・7・26）

めんこ花

わたしを律してくれる花

慢。これは、mana（南太平洋沿岸の先住民族の言葉で、現象の背後に潜む超自然的な力を指す）の韓国語訳だ。英語では、pride または conceit と訳されている。「我慢《アハンカーラ》」。これは、自分が人より優れているという妄想を抱き、それを人に誇示しようとする身勝手な心のこと。

注意すべきは、学識や容貌、血筋など、自分に備わった条件によって優越感を感じるのが「驕」であるのに対し、「慢」は具体的な根拠もなしに自分のほうが優位と感じる、本能的なものだという点だ。したがって、「驕」のほうがむしろ改心しやすいといえる。「慢」はその根も深く複雑なため、人間の解脱をさえぎる十の足かせのうちでももっとも深刻なレベルに属している。そのため、阿羅漢果《あらかんか》に至らなければ、「慢」が完全に消滅することはないという。サンスクリット語の語源は、他人との関係において生じる自意識（self-conception）を意味している。

慢。このところ、わたしの念頭を離れないキーワードだ。

周りの評価は別として、わたし自身がどれほど傲慢な人間か、嫌というほどわかっている。気づかなければ苦痛も感じないのだろうが、わかっているがために苦しい。見るからに自慢げにふるまうよりも、こうして内に秘めた「慢」のほうがずっとやっかいだ。

学生時代から内向的だったわたしは、誰にも相手にされていないと感じる分だけ、内面では人を小ばかにしていた。だから、わたしを見た目で判断して気安くちょっかいを出したばかりに、思わぬ怪我をした人も少なくない。いっときは、これこそ人間のもつ底力だと考えたこともあったが、結局は「慢」に過ぎないと認めざるを得なかった。

とくに、刑務所のなかで「我慢」に凝り固まった人びとを目のあたりにしてからというもの、自分の「慢」がどれほど根深いものなのか、身に沁みてわかってきた。ただし、これは生まれついたものともいえる。なにしろ、四柱推命にも現れるのだ。わたしは、四柱推命を見るまでもなく、この「慢」を律することこそ自分の人生を成功に導く秘訣だと気づいていた。そこで、かなり早い時点から、これを克服する決意を重ねてきた。しかし、これはわたし自身の習性と一体化して現れるため、律するのは並みたいていのことではなかった。

「我慢」にとりつかれ、救いようのない言葉を天に向かってわめき散らした日の寝床は、ひどく不安で落ち着かない。まるで、「慢」という毒を自分の周りにふり撒いてしまったような気がするのだ。そんな夜、わたしはキリストの説く「光と塩」どころか、毒草となる。

「慢」。神は人間を創造されるとき、才能をひとつ与えるたびに、「慢」もおまけしてくれたようだ。だからこそ、才能ある者の傲慢は、天性のものとして受け容れられがちなのだろう。これは、神の手によってつくりだされた万物に当てはまるのだろうが、「慢」もやはりふたつの可能性を有している。人間を堕落させる可能性と、逆に、そこから生じる苦痛によって、みずからの力で完全性に近づいてゆく可能性だ。神は、後者を期待して、人間に「慢」を与えられたのではなかろうか。

今日スケッチしたのは、めんこ花［カワラサイコ］。大好きな花のひとつだ。若芽は見るからにおいしそうなのだが、いまだ一度も味わったことがない。なにしろ、花壇にはひと株しかないのだ。ひどく苦労した末に、ようやくとなりの棟からひと株抜いてきて二年がかりで育てているのだが、なかなか増えようとしない。だからこそ、手塩にかけて育てている。花の形とはかけ離れた、「めんこ」などという名前はどこからついたのだろう。

こいつは、花軸が出るまではじつにのんびりと生長するのだが、いったんつぼみが開きはじめると、小気味よいほどぐんぐんと伸びてゆく。そして、小ぶりな黄色い花が、二か月もかけて順ぐりに咲いては散ってゆくのだ。数えきれないほどの小さなつぼみがすべて花となって開くのを見ると、このめんこ花に秘められた底力に、思わず脱帽してしまう。

わたしが野草に愛情を注ぐ理由のひとつに、自分に巣食った「慢」を鎮めたいという思いがある。人間の息がかかった観賞用植物につきものの派手さや傲慢さが、野草には皆無だからだ。たとえ豪奢な花を咲かせる野草であっても、十分ほどかけてじっくりと眺めれば、このうえなく素朴に見えてくるものだ。自然界では、生き残りをかけてあがくことはあっても、他人をばかにする傲慢さなどはないのだから。

わたしたち人間だけが、生存競争という一線を越えてほかの生命をないがしろにし、驕りたかぶって自然の品位を失っている。人と自分を比べては自分だけが正しく優れていると思い込み、鼻高々な人間こそ、大きかろうが小さかろうが、醜かろうが美しかろうが、持って生まれたありのままの花を咲かせる野草から、学ぶべきことは少なくない。野草を愛しながらも傲慢な人間がいるとすれば、それは、別の目的で野草に情熱を傾けているにすぎないのだ。

（1994・7・29）

緑豆

姿はみっともないけれど

日照り続きで暑さもピークに達していたせいか、一瞬のうちに駆け抜けた台風が、まるで、たそがれ時のそよ風のように感じられた。この台風のおかげで、各地の水不足が解消したというのだから、ひと安心だ。久しぶりの雨を楽しんだあと、ようすを見に行った野草園は、すっかり息を吹き返していた。

ここに描いたのは、緑豆だ。マメ科植物はみな似たりよったりの形をしている。とくに緑豆は、小豆との区別がまったくつかない。しいて違いを挙げれば、この緑豆の木はあまり大きくならなかった。育て方を誤ったのだろうか。小豆は恐ろしいほどの勢いで蔓を伸ばしていったものだが……。以前、園芸部にいた頃に小豆を育てたのだが、あきれるほどよく生長した。葉一枚の大きさが、なんとカボチャの葉ほどにもなったのだ。ところが残念なことに、あのときの小豆は、やっかいな害虫のためにほとんど収穫できなかった。茎に穴を開けて入り込み、すみついてしまう虫だ。いっぽう、緑豆はといえば、ちょろりと数枚、葉が出てきたと思ったら、すぐに花が咲き実を結んでおしまいなのだ。こんなに短命で背も低いから、全琫準《チョン・ボンジュン》〔一八九四年 甲午農民戦争の指導者、四十一歳で刑死〕を緑豆将軍と呼んだのだろう。たくさんあれば、粉にして緑豆チヂミにでもするところだが、ほんの数株しかないから種を確保するので精一杯

だった。

マメ科植物の花というのはどれも似通っているものだが、緑豆の花ばかりはつくづく変わっている。この絵のように半開きの状態ならまだわかりやすいのだが、すっかり開ききると、花びらがまるでメビウスの帯のようにくねくねとねじれながらからまっていく。見れば見るほど、迷路に入り込んだような錯覚に襲われるのだ。黄に染まった花の色もくすんでいるし、葉もまばら。おまけに背まで低いのだから、マメ科植物のなかではいちばん庶民的といえるだろう。

こいつの実が熟しきって弾けるようすを見たことはあるだろうか? 今日、すっかり熟して乾ききった実をひとつ摘もうとした。ところが、手が触れたとたん、パチッと音がするものだから、驚いて手を引っ込めた。突然、両端を起点としてまんなかが威勢よく弾け、豆が四方八方に飛び散ったのだ。最後に残った豆のさやは、まるで細長い揚げパンのようにねじ曲がったまま落下した。まさに、この絵のような感じだ。

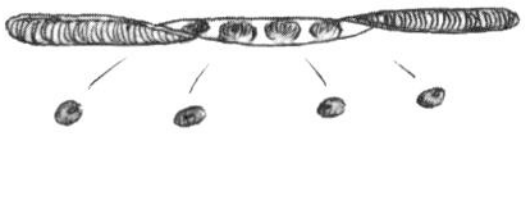

まったく、迫力のある弾けっぷりだった。おそらく、百年前、暴政に堪りかねた全琫準が、全羅道古阜《チョルラドコブ》で農民と力を合わせて行政府に攻め入ったときの勢いも、こんなふうだったのだろう。強欲な官吏や富農たちから、「犬畜生の惨めったらしい百姓どもめ」とさんざん侮辱され続け、その恨みが積もり積もって限界に達した瞬間、パチッと弾けたに違いない。緑豆は、マメ科植物のなかでいちばんみっともないけれど、誰もがその味に魅了されているだろう？　同じように、われらが農民も、社会的にはもっとも弱い立場に甘んじているが、額に汗して国民の食糧を生産してくれているのだ。

王朝時代には、農民の恨みが社会変動の原動力になったものだが、現代ではまったく状況が異なっている。しかし、社会が農民の恨みを封じ込めているからといって、何ごとも起こらないとは考えにくい。それどころか、むかしは特定の地域社会での変動を恐れたものだったが、こんにちでは、地球規模の生態レベルでの変動を心配しなければならなくなった。わたしたちの食卓を、よく見てみよう。ホウレンソウ、ジャガイモ、ハクサイ、カボチャ、コムギ、コメ……。むかしながらの品種が残っているだろうか？　量が多くて色つやもよく大ぶりで、味もまあまあな外国産に取って代わられてしまったのだ。ひたすら売れ筋のものばかりを栽培しているうちに、もはやこの国の田舎では、古くから栽培されてきた在来種の種さえも姿を消してしまった。これは、世界がますます単一市場と化してゆき、食糧栽培もまた地域ごとに特化されて、庶民の食べ物が限りなく単一品目、単一品種へと近づきつつあることを意味している。

こんな状況下で、万一、ひとり勝ちしている品種が致命的な病や災害に見舞われたら、どうなるだろうか。想像を絶する食糧難に直面することは、火を見るよりも明らかだ。そのときにはもう、代替品種など残っていないのだから。こうした事態を防ごうと、国ごとに「種子保存研究所」なるものが設置されている。だが、栽培されなくなって久しい種子に、何の意味があるのだろう。それこそ、単なる研究用にすぎない。研究所でどれほどすばらしい成果があがったとしても、各農家が栽培することによって維持される種の多様性には、とうていおよばないのだ。理想的なのは、農家による種子の保存と種子保存研究所での研究が有機的に結びつくことだ。しかし残念なことに、この資本主義の市場メカニズムにおいてそれを実現するのは、困難をきわめる。

わたしたちは、すでに朴《パク》・正熙《チョンヒ》大統領の時代にこういった生態レベルでの危機を経験した。つまり、「統一米」による単一耕作がそれだ。この「統一米」キャンペーンは、セマウル運動〔新しい村運動〕と結びついて、生態的危機のみならず、農村の文化的危機まで招来した。

ウルグアイラウンド農業協定が妥結して農産物市場の完全自由化が施行される前に、一日でも早く、在来種の種子を発掘、保存、研究、普及する態勢を整えるべきだ。この協定を機にひと儲けを企んでいる人間なら、緑豆の種ごときで何を騒いでいるのかと苛立ちを募らせるのだろうが、持つべき目を持った人だけでも積極的に行動すべきときではないだろうか。

一席ぶったら、すっかり喉がカラカラになった。こういうときは、緑豆チヂミにマッコリ〔どぶろく〕でもひっかけられたら最高なのだが。あとで、夢のなかででも飲むとしよう。

（1994・8・2）

ヒダ草

誰の目にも留まらない、あの小さな花を咲かせるために

黙内雷《モンネレ》。

数日前、書道家の友人から、送られてきた書だ。ときおり、壁に貼って眺めては黙想している。これは、「見た目は沈黙を守っているが、内面では雷雨が吹きすさんでいる」という意味だ。この文字を眺めていると、いつか本で読んだ寓話が思い出される。

常に穏やかな笑顔を絶やさない人物がいた。彼は、「あなたは本当にお幸せですね。心配ごとなどあるのですか?」と尋ねられるたびに、こう答えたという。「水の上に平然と浮いているカモでも、水面下ではどれほど必死で二本の足を動かしていることでしょう。私の内面も同じなのです」

こんな言葉が口をついて出てくるのだから、庶民のなかでもそうとう徳のある人物だったに違いない。反面、いわゆる天衣無縫な人というのは、心の内が荒れ狂えば外見上も荒れ狂い、内面がまっさらならば見た目も静かなものだ。おそらく、理性の制御装置が壊れてしまった人か、あるいは何らかの道を究めた天才だけがこの部類に入るのだろう。それ以外の大多数の人間は、胸中が怒りに打ち震えても、外向きに

は何食わぬ顔をして過ごすことがほとんどだ。

ところで、この「ふり」にもレベルがある。いちばん低レベルなのは、内部の感情をことごとく美しく見せようとするペテン師たち。次のレベルは、内面で起きていることを是が非でも外に漏らすまいと躍起になる者たちだ。では、いちばん高レベルな「ふり」とは？　そう、内部の複雑な感情を外部へ放出する前に、自分にとって、あるいは相手にとって、より受け容れやすい形へと昇華させるべく、努力する者ではないだろうか。

カモの平穏というのは、厳密に言えば、理性のろ過装置とは無関係な本能から発せられているものだ。そんなカモを、複雑な感性体系を持つ人間と比べるのは多少無理があるが、現象と内実の差、そしてその関係性を視覚的に示してくれる、卓越した比喩と言えよう。かたや、漢字というきわめて抽象的な文字で表現された「黙内雷」は、噛みしめるほどに味わい深い言葉なのだ。

平和とは、絶対的な平穏、静止、無私、静寂の状態ではなく、内面では絶えず動き思

考している「動的平衡」状態なのだ。社会が平和だ、ふたりの関係が平和だという場合には、常に円滑な交流がなされており、対話が積み重ねられ、新陳代謝がうまくいっていることを意味している。

今日描いた、この花の名がわかるだろうか？　畑や田んぼのあぜ道でよく目にするものだが、おそらく名前は知らないだろう。これは、原寸大で描いたものだ。もともと小さな花で、どんなに大きく生長しても十センチを超えることはない。

こいつは、わたしが初めてここにやってきた頃から、運動場の片隅に生えていた。花はいつも、うっかりすると見過ごしてしまうほどひっそり咲いてはすぐに散ってしまう。いっせいに咲き乱れてちょっとした群落をなすのでもなく、ちょうど忘れかけた頃に、ひょっこりと草のてっぺんでひとつふたつ花開く。誰も気に留めはしないのに、忘れられそうな頃合いを見計らって顔を覗かせる花。あまりに小さいので、地面に腹ばいにでもならない限り、その愛らしい姿が拝めない花。数年ものブランクを経て、ようやくつきとめた名前はヒダ草［トキワハゼ］だった。葉の周囲がギザギザなところからつけられた名だという。そのほか、「唐辛子草」など、地方によっていろいろと異なる名称で呼ばれているようだ。若い葉は食用にできると聞いたが、量が少なすぎるので本格的に試したことはない。民間療法では、生理不順を治すのに使われているという。

手元にある『身体に良い山野草』では、一つひとつの野草について、身体のどこによいのか説明されているのだが、これほど多くのことがらを本当にすべて検証したのか、疑わしい。なかには、たまたま別の理由で治癒したものを、野草の効果と誤認したものも紛れ込んでいるに違いない。国家レベルで研究所を設立して専門家に研究させ、庶民が安心して利用できる体制を整えてほしいものだ。

花壇の片隅で、気恥ずかしそうにひっそり咲いているヒダ草。その花を見つめながら、改めて「黙内雷」について考えてみた。誰にも振り向かれることのない、この小さな花を咲かせるために、そして、この神秘の空間で誇り高くあるために、たゆまぬ活動を続けているヒダ草の内面へと、わたしの思いはどこまでも吸い込まれてゆく。

（1994・8・4）

パンガジドン

それでも夏が好き

四日連続の酷暑！

夕暮れ時ともなると、工場から戻った服役囚が先を争ってシャワーを浴びるので、ここ三階までは水が上がってこなくなる。運動をして汗まみれなのに、水が出ないのだ。仕方なく、水が出るのを待つうちに、疲れと眠気でそのまま寝入ってしまう……。それでも、わたしは夏が好きだ。パンツ一丁で本を読み瞑想もして、ときには腕立て伏せをしてみたりと気楽なものだ。それに、夏のあいだはずっと草を食べ続けられるのが、何よりの幸せだ。

この草をよく見てほしい。名前は、パンガジドン［ノゲシ］。カラノアザミによく似ているが、花はまったく違う。そのうえ、茎にはトゲがない。花は、キク科の野草に似ている。ところで、わたしは毎日のように運動場に出ているが、こいつがまともに花開いたのをほとんど見たことがない。去年、曇り空が数日続いていたとき、初めて目にしたきりだ。それでも、いつの間にか受精を終えて種を作り、周囲に綿毛を飛ばすのだから、わたしの見ていない隙に間違いなく開花していたことになる。にもかかわらず、そんな気配すら見せないのだから、まったくもっておかしな草だ。パンガジドンの魅力は、花よりも、トゲのように鋭い刃が不規則に並んだ葉にある。まるでビロードのようにすべすべした触り心地や、先端に尖ったトゲがついているところなど、かなり個性的だ。

パンガジドン、パンガジドン。可愛らしい名前だろう？　カンアジドン〔子犬の糞〕と音が似ているせいか、この名前には、幼い日の思い出が沁み込んでいるような気

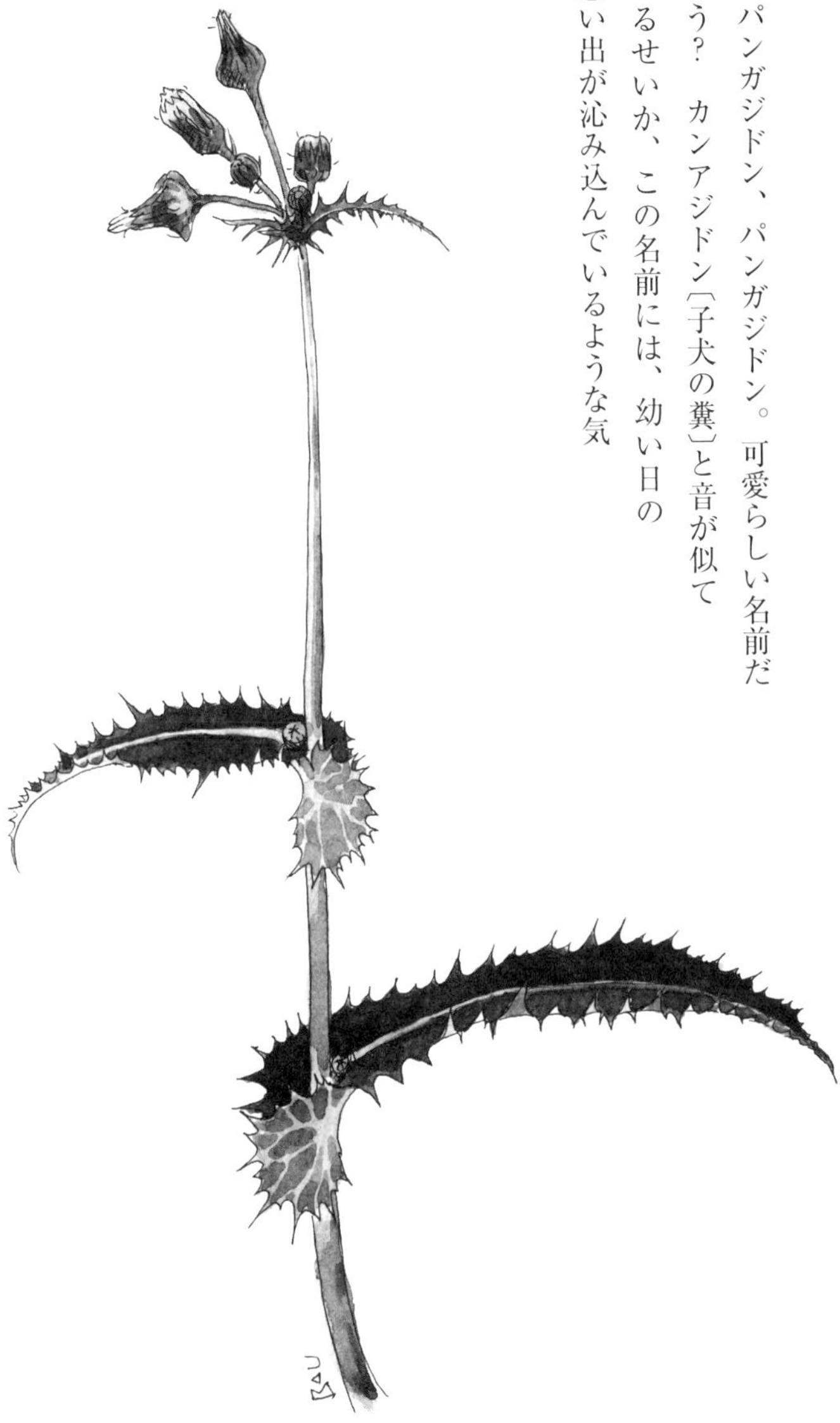

がする。間違いなく、糞〔韓国語でドン〕と何らかの関係があるはずだが、どんなに花を眺めてもその名の由来を推察することはできなかった。

韓国の野山に生息している草花の名前には、じつに愛らしく親近感あふれるものがたくさんある。星の数ほどもある草に、一つひとつすてきな名前をつけていった庶民の知恵に礼を言いたい気分だ。近頃では、山や河、村の名前を調査して、その語源や意味を明らかにする本がたて続けに出ているようだが、草花の名前を調べたものは、まだないようだ。地名や村の名前などは、その地域に古くから住んでいる人や文献にあたれば調べることも可能だろうが、野山の草の名前というのは、口から口へと伝わるうちに定着したものが多いから、その由来を解明するとなると困難をきわめるのだろう。だからといって毎回、この前の嫁の尻拭き草「ママコノシリヌグイ」のように、文学的想像力で強引なつじつま合わせをするわけにもいかない。悩むところだ。

（1994・8・8）

ヤナギタデ

一本一本を見てみれば

この猛烈な暑さときたら、立ち去る気配すら見せない。巷《ちまた》では、特大の台風がやってくると騒いでいるが、さっさと来てくれないものだろうか。こんなときには、台風も天の恵みだ。最近の新聞によると、この狂ったような異常気象は韓国だけではないらしい。昨日、オランダ在住の友人で作家のヴィム・ザール(Wim Zaal)氏からハガキをもらったのだが、あちらでもしばらく前に観測史上(一七〇〇年頃開始)最高の気温を記録したという。それに、ブラジルは零下七度を記録してコーヒー生産が四〇パーセントも落ち込んだ。まさか、地球が新しい地質時代に突入したのではあるまいね。

今日は、ヤナギタデを描いてみた。この草は、村によって呼び名に微妙な変化がみられる。いったん外に出れば、小川のほとりやどぶなど、どこにでも生えているのがヤナギタデなのだが、おかしなことに、この刑務所のなかではまったく見あたらない。おそらく、種が重すぎてあまり遠くに飛べないのだろう。今日、運動場の片隅で、エノコログサの陰からこいつを見つけ出したときには、たまらなく嬉しくてね。スッと一本抜いてきて、こうしておまえにも挨拶させているのだ。これまでスケッチしてきた草のなかで、

いちばん満足に描けた気がする。
　ヤナギタデは、こうして一本一本引き離して見るととても趣きがあるのに、普段はひとところに集まりすぎているせいで、うっとうしい印象を与えてしまう。こいつは水が大好きで、必ず水辺に群生する。子どもの頃、梅雨の季節に、竹ざお片手に釣りに行くと、きまって水に浸ったヤナギタデの束をまさぐって魚を探した記憶がある。梅雨が過ぎて水量が減ると、ヤナギタデの茎にからまったビニールやぼろきれなどが風になびいていたものだ。たぶん今頃、長安《チャンアン》川の岸辺には、ヤナギタデがみごとに咲き乱れているはずだ。ひとつかみ折ってきて花瓶に飾った

ら、さぞかし風情のあることだろう。ヤナギタデは止血、打撲傷、月経過多に効き目があるうえ、葉には辛みがあるので刺身のつまとしても食べられているそうだ。

最近の社会の動きを見ていると、皮肉なことに、文民政府の統治手法は軍事政府にも増して手に負えないことがわかる。後進の独裁国家で重宝がられている、３Ｓ政策という手法はよく知られているだろう？大衆の政治意識を麻痺させ、独裁政権下の従順な民として飼い慣らすために、映画（Screen）、セックス（Sex）、スポーツ（Sports）を意図的に活性化させるものだ。ブラジルやタイなどの例がその典型と言える。ところで、分断国家である韓国は、３Ｓでは飽き足らず、４Ｓで統治し続けてきた。最後のＳは、スパイ（Spy）。軍事政権以来これまで、決定的な瞬間に必ずと言っていいほど取り沙汰されてきた、スパイ事件（あるいは、帰順事件、容共操作事件）は、みなこれにあたる。それに、金泳三《キム・ヨンサム》（一九九三年から九七年、韓国大統領）は、大統領選の戦略の一環として、金大中《キム・デジュン》（一九九七年から二〇〇二年、韓国大統領）を容共派呼ばわりすることで政治的なダメージを与え、大統領に当選できた。過去の苦い記憶として封印されたかに見えたスパイ事件が、文民政府となってからも相変わらず世間を賑わせている。むかしと違う点があるとすれば、その様相がやや多様化したことだろう。このところ展開されている、公安を口実にした時代錯誤の政局を見るにつけ、わたしは怒りを通り越してあきれ返っている。

今日も、京郷新聞では、なんの説明もなしに「スパイ四千三百余名検挙」というタイトルをでかでかと掲載していた。政局の流れに乗って一躍有名になろうと考えた野暮な議員氏が、国会に軍内の主体《チュチェ》思想派

（韓国国軍内部で北朝鮮の主体思想に追従している集団）問題を持ち出してきたのがことの発端らしい。この社会が、スパイによって完全包囲されているかのような認識を植えつけたかったのだろうか。この件だけでも、韓国社会を統治するうえで、4S中のひとつ「スパイ」が、どれほど重要な役割を担っているかわかるというものだ。つまり、わたしのような人間は、この社会の安全のために必要不可欠な存在なのだ。わたし個人の犠牲によって社会が安定を維持しているならば、逆説的だが慰めにもなる……ちくしょうめ！

暑いのが不得手なのか、蚊は姿を見せないが、部屋のなかを這いまわっている虫にあちこち噛まれ、朝から晩まで身体じゅうを掻きまくるのに忙しい。朝、廊下に出ては、となりの部屋の仲間たちと、昨晩何か所噛まれたかを競い合っている。これまでは、ホンスン君がいちばん噛まれていたが、噛まれた痕の総面積ではわたしにかなう者はいないはずだ。なにしろ、せっせと掻いては育てているのだから。いまだ、犯人の正体はつきとめられずにいる。

今日は、ここまでにしよう。……ああ、かゆい。

（1994・8・9）

クモ　わたしを煩わせるやつら

暑ければ暑いほど、わが物顔にふるまう生き物がいる。クモ。こいつらの繁殖力ときたら、ものすごい。今、わたしの部屋には、十五、六匹ほどのクモが天井に巣を張って棲息している。ひと坪の部屋の上層部は、ほぼ全域をクモに掌握されてしまった。クモがこんなに増えたのは、わたしのなまぐさのせいではなく(本当は少しなまぐさなのだが)、こいつらを殺すのが忍びなくて放っておいたからだ。

ところが、今日ついに、クモの大殺戮をしてしまった。台風が来るというので、窓をしっかり閉められるよう窓枠の掃除をしていると、溝の部分にクモの糸でグルグル巻きになった繭のようなものが張りついていた。何の気なしにサッと引きはがすと、バラバラッと、タラコみたいなクモの卵、数百個があふれ出てきた。すぐに、ちり紙で包み取って捨てたのだが、よくよく見ると、そのとなりにまたひとつあるではないか。それも、ちり紙で拭き取って捨てた。ところが、そのとなりにもまたひとつある。手で引きちぎってみると、こんどは卵ではなく、すでに孵化したクモの子たちがまっ黒にからまり合っていたのだ。孵化して間もないようで、卵に足だけがついた格好だった。こいつらが、落ちてたまるかと尻に糸をくっつけてじたばたしているようすなどは、じつに圧巻だ。しかし、このすさまじい数のクモの子を放っておけば、わたしのねぐらは滅茶苦茶になってしまう。やむなく、ちり紙で一気に拭き取った。こうして、わたしは今日、数百匹のクモの子を殺害したというわけだ。どうか、今夜、悪夢にうなされませんように……。

独房にはめ込まれた一メートル四方の窓を眺めていると、弱肉強食の論理で支配されている、この世の縮図を見ている気分になる。まさに、食っては食われる殺戮戦が展開される、命の戦場なのだ。夕刻になると、昼には鉄格子の陰で休んでいたクモたちがいっせいに飛び出してきて、それぞれ自分の好きな場所に巣を作りはじめる。多いときには、一平方メートルの空間がぎっしり埋まってしまうのだから、わたしの部屋の防虫対策は完璧と言えるだろう。

興味深いことに、クモは絶対、他人の巣の前に自分の巣を作るような無礼な真似はしない。大きなやつ二匹がぶつかったら、巣を作る前にまずは闘って、勝ったほうがいい場所を確保する。その後、小さなクモたちが残りの空間を好きなように陣取っていく。それにしても、虫が好んで飛んでくるコースを正確に見きわめて巣をかける、クモの測量技術には目を見張るばかりだ。こうしてクモの糸が完全に張り巡らされると、目の悪い虫たちが蛍光灯の光を目指して飛び込んできては、まんまと引っかかってしまう。もちろん、器用なやつは、曲芸のごとくクモの糸のあいだをすり抜けていく。

ハエやカゲロウなどが引っかかったとき、鉄格子に額をくっつけて覗き込むと、クモというやつらがどれほど残忍で大食いなのかが手に取るようにわかる。獲物を捕まえた、と思った瞬間、クモの糸でぐるぐる巻きにして相手の動きを封じ、尻に口を突っ込んでチュウチュウと吸い尽くすのだ。自分の身体より大きなカメムシでも、ほんの数分足らずで平らげてしまい、残るのは殻だけとなる。

この部屋の窓と視察口には、すべて防虫網をかけてあるから、羽のある虫はあまり入ってこない。しかし、それほどしっかりした網ではないから、ときおり、コガネムシや羽アリ、カメムシなどが、ぴたりと腹ばいになって隙間をくぐり抜けてきては暴れまわることもある。普段は、防虫網をクリアした根性に免じて好きにさせておくのだが、畏れ多くもわたしに襲いかかったりまとわりついてくるやつは、容赦なく手で捕まえて、部屋に張ってあるクモの糸にぽんと引っ掛けてしまうのだ。すると、クモのやつらは、儲けものとばかりに間髪入れず走り寄ってきて、あっという間に殻だけにしてしまう。つまり、この部屋にいるクモたちは、わたしに雇われた、外部侵入者の死刑執行人といったところだ。ただし、ときに、この雇われグモのほうがわたしを煩わせることもある。本を読んでいるのに、糸を伝ってスウーッと降りてきては目の前でゆらゆら揺れてみたり、巣作りの最中に墜落してきて、わたしの顔をもろに踏みつけていったり。たいていは寛大に見逃してやるのだが、気分の晴れないときや、あまりにちょっかいをかけてくるやつは、また別の雇われ死刑執行人であるカマキリにやってしまうのだ。

ときには、手の施しようがないやつに出会うこともある。成虫は分別があるから、わたしにちょっかいを出しすぎると命が危ないことも承知しているのだが、卵からかえったばかりのクモの子たちは、そんなことを知る由もない。まさに、生まれたての子犬は虎をも恐れず、といったところだ。あるとき、ほんの小さなクモの子一匹が天井からポタンと落ちてきて、わたしのメガネの上にフワリと乗った。そのときは、ちょうど本に没頭していたから、あまり気にせずに放っておいた。しばらくして、そいつがせっせとメガネの縁を行ったりきたりしているものだから、いったい何をしているのかとメガネを外してみた。そうしたら、なんと、メガネフレームの角のところに巣を作っているではないか！

（1994・8・14）

ルドベキア

生命力と繁殖力に優れた西洋の花

いまだ暑さは続いているものの、心なしか和らいできたようだ。今回の主人公は、野草ではない。だがこの花は、安東刑務所の寒々とした風景に温かみを添えるのに、なくてはならない存在だ。それに、これはわたしが所内に持ち込んだ花ということもあり、西洋生まれではあるが、特別、花壇に居場所を与えられている。

名は、ルドベキア。花を彩る濃い黄色が非常に鮮烈で、遠目に見るルドベキア群落はまるでむき出しの金鉱のようにきらめいている。全身、びっしりと細かい毛に覆われており、同様に毛の生えた大ぶりの葉が互い違いについている。

おもしろいのは、花びらだ。平均すると八枚くらいなのだが、そのつき方がまるで気まぐれなのだ。花びらの枚数が同じものを見つけるほうが難しい。わたしが確認したところでは、二十五枚が最多だった。

ルドベキアは、開花している期間が非常に長く、生命力と繁殖力もずば抜けているので、空き地や道路脇に観賞用として植えるのに適している。社会見学でこの安東地方を回ってみると、あちこちの農家にこの花が植えられているのを確認できた。一度植えてしまえば、とくに手をかけることなく毎年新しい芽が出てくるうえ、種からの発芽もすこぶる順調なので、十数株植えておけば、数年後にはひとりでにすばらしい群落を形成する。この花は、四年前、私が園芸部にいた頃に初めて発芽させて、保安課の前の芝生を飾っていたものだ。

　ところが、その花壇は季節ごとに花を植え替えてしまうので、ルドベキアも花が散ると同時に抜かれてしまった。そこでわたしは、花も美しいし、せっかく強靭な生命力を備えているのだから、一度きりで捨てるのではなく、どこか適当な空き地に花壇を造って長らく鑑賞できるように

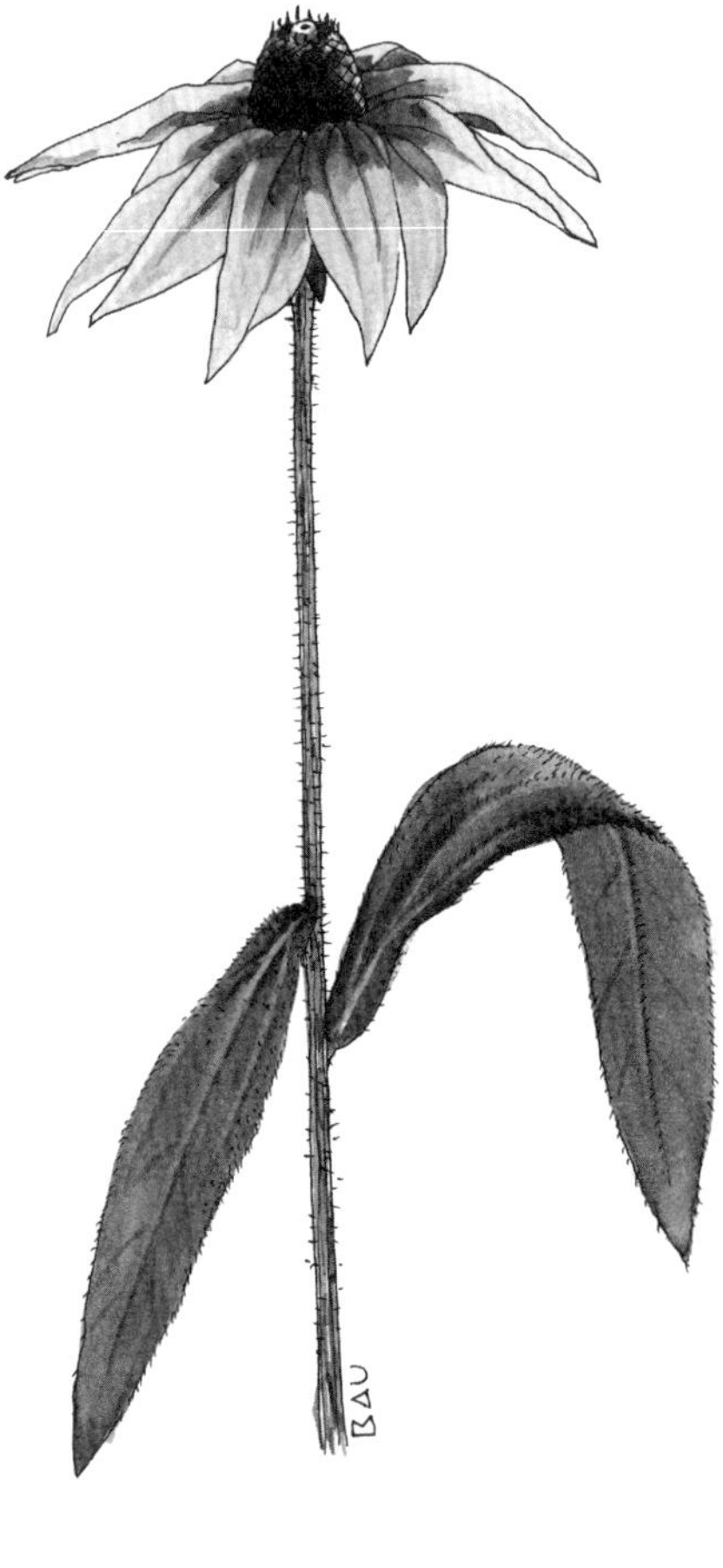

したいと考えるようになった。ちょうどその頃、運動場にあまり人の通らない一角があったので、所の許可を得てそこに花壇を造り、ルドベキアを一定間隔に植えたのだ。それから四年が過ぎた今では、すっかりルドベキア群落となった。それればかりか、所内のほかの場所にも輸出されて、あちらこちらで黄色い花が、服役囚の乾ききった心を慰めている。もちろん、わたしの野草園でも、初期メンバーとして揺るぎない地位を確保している。ところが、こいつの種ときたら、あたり一面好き勝手に飛んでゆき、畑のいたるところに根づいてしまう。それを抜いていくだけでも、ひと苦労だ。

今も、エゴマ畑のまんなかに、明日抜こう、明日抜こうと思っているうちにいつしか花開いてしまったルドベキアが一本、威厳に満ちた表情で佇んでいる。いずれ、このルドベキアも、いち早くこの国に入ってきて今ではすっかり顔なじみになった花たち――コスモス、ダリア、ケイトウなど――の隊列に加わるのかもしれない。

（1994・8・17）

コガネバナ

花開半／酒微酔

　今、花壇を彩っている花のうち、最盛期を迎えているのがこのコガネバナだ。ひとつの花だけを見ると、エンゴサクに似ている。まるで、ドナルドダックの顔のような紫色の花が、二列に並んで咲き誇る。満開の花もなかなかのものなら、まだ開ききっていないつぼみとなると、格段に艶《つや》めいている。「花開半／酒微酔」という言葉を聞いたことがあるだろうか？　「花は開きかけが美しく、酒はほろ酔い加減が心地よい」という意味なのだが、わたしはコガネバナを観察していて、この漢文の心を初めて理解できた。

　スケッチではとても表現しきれなかったが、まだ開ききっていないつぼみを息を潜めて見つめていると、子犬と戯れていてふいに持ち上げた前足のように愛らしいのだ。そんなのが対になって、ずらりと並んでいるのだから、これはもう、無邪気な子犬の足以外には見えなくなってくる。こうして愛嬌をふりまいたあとは、青いアヒルの顔となって花畑を覆い尽くす。コガネバナは、とてつもなく威勢のいい草で、せっせと先端を切り詰めてやれば、茎の根本が分岐して次々と新しい茎を立てる。その、ひと抱えにもなる茎の先で、ぎっしり並んでこちらを向き、ガーガーと鳴きたてている青いアヒルの子を想像してみてほしい。……やかましい？　とんでもない。静かなものだ。これこそまさに、「声なき喚声」。ただし、この花は脆弱で、翌日の太陽が高々と昇る頃には、すでに下のほうからしおれはじめ、ひとつずつ地に落ちてしまう。そうして花が散ったあとには、すぐに半月のような子房が膨らみはじめるのだ。

コガネバナという名は、花ではなく根に由来している。根の色が黄金色をしているために、そう呼ばれるようになったという。真偽のほどが気になっていたところへ、三年前に初めて外から持ち込んできた親株が自然と枯れてしまったので、根を掘り起こしてみた。なるほど、真っ黄色だ。だが、何かおかしくないか？　これほど変わった風貌の花が群れをなして咲くというのに、人目につきにくい根に由来して名づけられたというのだから。その秘密は、この根が漢方の世界で非常に重宝されていることにある。コガネバナは、その根だけが漢方薬材として使われているのだが、適用範囲がとても広い。本によると、発熱、高血圧、動脈硬化、胆のう炎、黄疸、胃炎、腸炎、胸や脇腹の圧迫感などに処方されるという。これ以外にも、まだ一、二行は埋められるほど、あらゆるものに効果を発揮するらしい。隣室のイさんは、高血圧に動脈硬化を抱えているから、今年はこいつの根を掘って、乾かしてから煮出してみようと思っている。今、花壇では、二年めの株がたくましく育っているところだ。

（1994・8・22）

イヌホオズキ

丸く小さな「真っ黒」のなかの完全性

今日は、イヌホオズキを描いてみた。おまえもよく知っているだろう？　幼い頃、しょっちゅうこの真っ黒な実を食べたものだ。花壇にも、毎年忘れずにイヌホオズキが顔を出す。あまりに生い茂るので出てくるたびに抜いてしまうのだが、それでも懲りずに次々と芽生えてくる。そんな修羅場でも、こいつは運よく最後まで生き残り、こうして艶やかな実を結んだ。絵を描き終えてから、残さず摘み取って口に放り込んだのだが、正直、幻滅したよ。たいして甘くもなく、子どもの頃に食べた味とはかけ離れていたのだ。おそらく、わたしの味覚が変わってしまったのだろう。イヌホオズキの葉は、毒を持っていて食用にはできないが、幼い葉ならほかの野草と合わせて食べても大丈夫だ。

イヌホオズキはナス科の植物なので、実を除いては、ナスにとてもよく似ている。とくに、花の形などはナスと区別がつかないほどだ。イヌホオズキもやはり、伝統的に漢方素材として重宝されていて、田舎のほうでは今でも漢方薬として日常的に愛用されているという。適用症状は本に紹介されているが、あまりに多いので書き写すのはやめておこう。書き写したからといって、今すぐ役立つわけでもない。先々月だったか、『漢方と健康』という月刊誌を読んだのだが、イヌホオズキの特集が組まれていて、さまざまな薬効と利用法について長々と書き連ねてあった。その雑誌は教務課の事務室に置いてあるから、今、ここには引用できない。とにかく、イヌホオズキというやつは、ごく身近に生えているありふれた草なのに、優れた薬効を内に秘めた愛すべき「庶民の草」と言えそうだ。もしも、わたしが外の社会にいたなら、野草の薬効についてあれこれと試してみたのだろうが、ここではどうにも数が少なくてそういう余裕がない。

おまえはブドウの房に惹かれると言っていたろう？　わたしはブドウの房の、あの窮屈さがどうも苦手だ。

それよりは、真っ黒に熟したイヌホオズキを手に取って、じっくり眺めてみるといい。食べたいとは思わなくとも、小さくてまん丸な「真っ黒」のなかから、正体不明の魔力のようなものが感じられるはずだ。そこには、造物主の完全性がすっぽり納まっているのだから。

（1994・8・23）

3

野性の食卓・原始の味覚

——安東刑務所にてⅢ

この国のもっとも民衆的な野草四種を挙げろと言われたら、わたしは迷うことなく、スベリヒユ、ヒユ、オオバコ、アカザを選ぶ。この地でもっとも数多く見られるだけでなく、これらすべてが食用に、また民間薬として広範囲に利用されているためだ。

目標物ににじり寄る無限の忍耐心

カマキリの生態に関するレポート第一弾

今日は、カマキリの話をしよう。ここに描いたのは、窓枠にへばりついていたやつをざっとスケッチしたものだ。今はちょうど、カマキリが活発に動きまわる季節。朝、目覚めると、鉄格子にはきまって五、六匹のカマキリがくっついている。寝ているうちから部屋にまで入ってきて、顔の上を騒々しく飛びまわるものだから、夢から醒めてしまうこともしばしばだ。刑務所暮らしに慣れない頃は、部屋に侵入してくるカマキリが気色悪くて、見つけざまに捕まえては窓の外に放り投げていた。しかし、独房生活が長引くにつれ、カマキリもクモ同様、かけがえのない友人となった。今では、部屋にいたカマキリが夜通し戻らないと、寂しくなって部屋じゅうの物陰を覗いて回るくらいだ。

「蟷螂《とうろう》の斧《おの》」という故事成語がある。カマキリ（蟷螂）が、自分に向かってくる大きな車をふたつの前足で押し止めようとするようすを表しているのだが、自分の力量もわきまえず無謀な行動に出る人をたとえていう言葉だ。実際、カマキリというやつはたいした度胸の持ち主だ。いや、度胸があるというよりも、自分より大きな存在に対する恐怖心がはなからないらしい。手で捕まえようとしても、逃げ出すどころか、まるで棒切れのようにじっとしている。
長期にわたる観察の結果、カマキリは勇敢というよりも、生態上、そう見えるだけだということがわかってきた。イソギンチャクやマツケムシ、シャクトリムシなどが天敵に出くわして逃げ出すシーンなど、見たことないだろう? ああいうやつらは、敵に抗ったり逃げ出すのではなく、自分の身体を周囲の環境に紛れさせておき、獲物が目の前を通りかかったら捕まえて食べるスタイルなのだ。カマキリも、これしかり。それにしても、こいつが獲物を獲る姿には、恐れ入る。あの細長い身体を木の枝のあいだや門柱の隙間に潜ませておいて、何時間でも微動だにせずじっとしているのだ。まるで、もともとそこにあった物体のように。そのうち、クモや何かの虫がその前を通りかかるや、稲妻のごとく前足を伸ばして捕え、一気に貪り食う。

部屋にいるクモのうち、思想の不穏なやつらを捕まえて、カマキリに刑の執行を命じることがあると話しただろう?(わたしの立場からして、そんなことは慎むべきなのだが……)。いけにえのクモが早足で逃げたりしないよう、前足一本程度をもぎ取ってカマキリの前に置くと、じつに興味深いシーンが展開される。クモというやつは、自分より大きい敵に出会うとあわてて逃げ出すか、それが無理なら手足を硬直させて死んだふりをする。いっぽう、カマキリは、絶対に死んだ虫は口にしない。だから、動かない物体を攻撃しないのは当然だろう。もし、クモがこのピンと張り詰めた緊張状態を破って逃げ出そうと一歩踏み出せば、その瞬間、カマキリは電光石火のごとく長い前足を伸ばして捕まえてしまう。

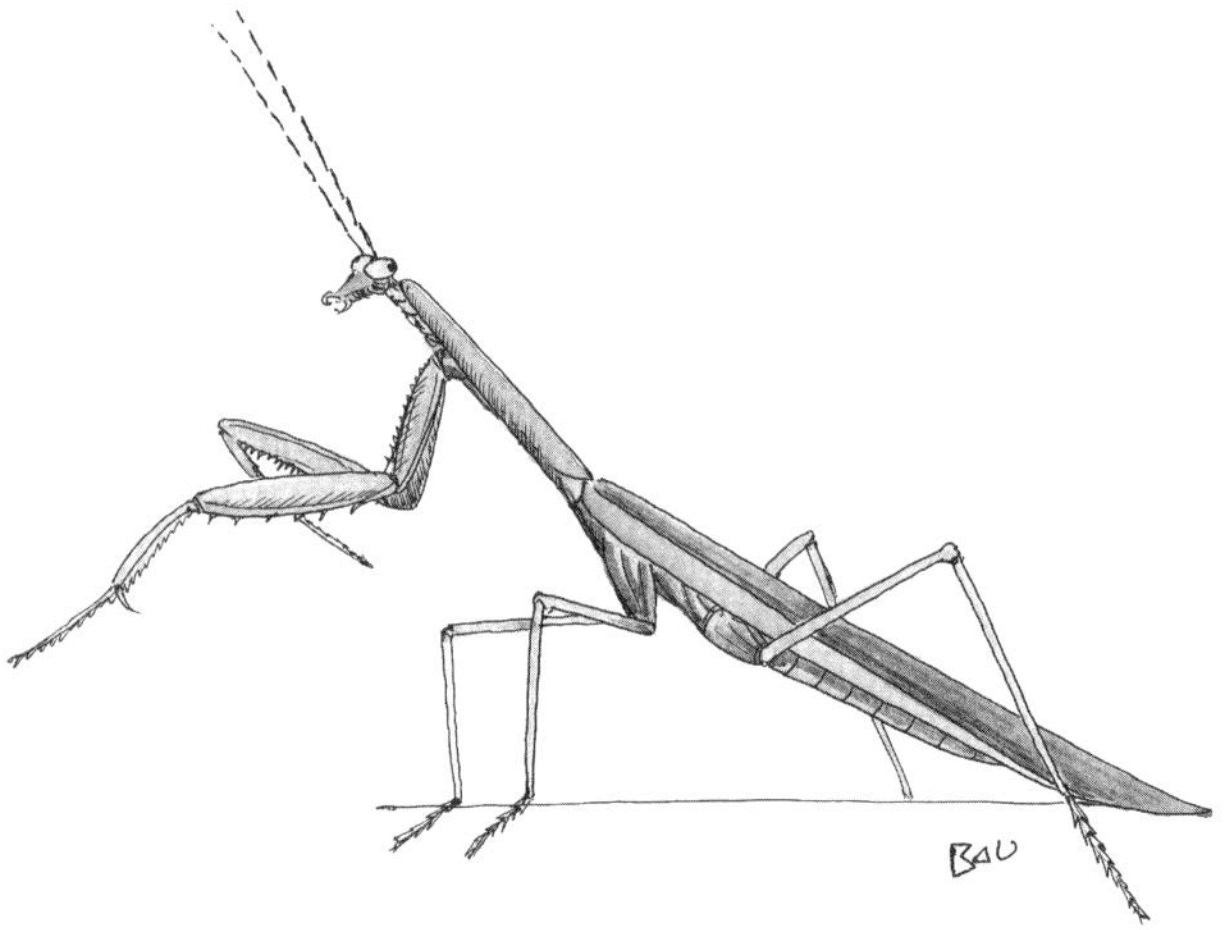

前足の届かない位置に生きたクモがいるときのカマキリの動きなど、陰険そのもの。瞬時に飛びかかることを期待して、こいつの動きを注視していたなら、たいていの人はしびれを切らして途中で音をあげるだろう。目標物に向かってじわり、じわりとにじり寄るスピードがあまりにのろいので、あたかも同じ場所でじっとしているかのようなのだ。軍隊の訓練に、「夜間静粛歩行」というのがある。闇に閉ざされた深夜、気配を殺して敵陣に侵入する際に使われる歩き方なのだが、限りない忍耐心をもって時速数メートルのスピードで歩くのだ。カマキリが目標物に詰め寄ってゆく姿は、まさにそれだった。まったく動いていないかのように接近し、目標物が射程距離に入った瞬間、飛びかかるのだ。

こんなこともあった。窓枠から、クモの子一匹が糸をつたってツツーッと降りてきたのだが、なんとその下にいたカマキリにぶつかってしまったのだ。カマキリも、自分の二番めの足に何かが触れたことに気づいたようで、そちらをさっと睨みつけた。すると、このクモの子は瞬時に動きを止めて、カマキリの二番めの足のまんなかあたりにピタリとくっついた。まるで、死んだかのように。こいつの慌てようときたら、八本の足のうち、二本は折り曲げることすらできず、ぶらりとぶら下げたまま固まってしまったのだ。まったく、滑稽な光景だった。まるで、「だるまさんがころんだ！」で固まったかのように、危うい姿勢を保ったままカマキリの足に張りついている。それが、驚くなかれ、十分以上もピクリともせず静止しているのだ。動かないものには攻撃をしかけないカマキリは、とうとう見切りをつけたのか、すっと顔を背けた。その瞬間、すかさず逃げ出したクモの子の素早いことといったら。トラの口元まで運ばれて、命からがら逃げ出したやつのようだった……。

カマキリというのは、極悪非道な生き物だ。そこいらの普通サイズのクモ一匹を食い尽くすのに、数十秒もかからない。足先ひとつ残さず、クモをまるごと噛み砕いてごくりごくりと呑んでゆくようすなどは、あたかもホラー映画を見ているようだ。あるときなどは、こいつが逆光を背に受けてクモを貪っていたのだが、長々とした胴体のなかに、噛み砕かれたクモが次々と呑み込まれてゆくのが日光に透けて見えたものだ。こいつらのもっとも恐るべき習性は、交尾が終わったあと、メスがオスを食べてしまうことだ。交尾も、一度くっついたと思ったら四、五時間はかかる。数日前、イさんの部屋にいたカマキリが交尾を終えて、メスがオスを食べるのを目のあたりにしたが、羽と足の硬い部分を残しただけであとはすっかり平らげていた。話にだけ聞いていたカマキリの残忍性を、この目で確かめた瞬間だった。

こんな恐ろしい面を持つカマキリだが、今では大切な友として仲良く暮らしている。そのカマキリが全盛期を迎えたら、十数匹もいたクモたちは、とうとう二匹だけになってしまった。

（1994・8・25）

ヤハズソウ

食べられもしないのに、そのすさまじい成長ぶり

三、三、三、三、三、三、五、五、五、五、七、九、十一、十一、十三、十四、十五……

ここに並べた数字が何を意味しているか、わかるだろうか。この数字から、規則性を見つけてみよう。小説『蟻』に、これと似たなぞなぞが出てくるだろう? あれは、じつに奇抜な問題だった。だが、この問題は『蟻』の著者、ヴェルベールでも解けないだろう。そのわけは、これには規則性がないからだ(ただし、一〇〇パーセントの確信はない)。

この数字は何かというと、ニワウルシの種が発芽して子葉が落ちたあとに出てくる、本葉の小葉数の変化だ。はじめは三小葉の葉が六回出てきて、五小葉の葉が四回、こんな具合に今では十五小葉の葉まで出ている。ニワウルシの葉は、アカシアのような形をしていると思えばいい。いま現在、十五小葉なのだが、この先何小葉まで増えていくのか予想もつかない。はじめは、十三小葉で最後だと思ったのだが、この調子では十七小葉の葉もいけそうだ。

なぜニワウルシなのかって？　じつは、わたし自身、室内でニワウルシを育てることになろうとは思いもよらなかった。ことの発端は、春までさかのぼる。春先に蒔いたエゴマの種から芽が出るのを待っていたところ、一週間ほどして発芽した。最初は気づかなかったが、エゴマがおおかた姿を現した時点で、その陰から桃のような芽が出ているのを見つけたのだ。正体を見きわめようと穴が開くほど眺めても、わからないものはわからない。一、二か月のあいだ、そのまま放っておいたのだが、地質があまりに劣悪なうえ、エゴマに囲まれているためになかなか生長しようとしない。普段から、雑草と見るとすかさず抜いてしまうイさんに、「これだけはただの草ではなさそうだからそっとしておいてほしい」と、わざわざ頼んでおいたのだが、待てど暮らせど一向に大きくならない。どうにも不憫《ふびん》に思えてきて、いったん掘り起こし、腐葉土を入れた小さなビニール鉢に植えて部屋に持ち込んだのだ。毎日せっせと水をやり、真心込めて世話してやったら急に生長しはじめて、あっという間に大きくなった。ほぼ一週間に一度、葉をつけ替えながら生長するのだが、小さな鉢では手狭になって、数日前に大きな鉢に植え替えたところだ。そうしたら、いっそう盛んに伸びはじめた。

　ところが困ったことに、こいつの名前がわからない。形からして、草でないことは確かなのだが……。手元には、野草の図鑑はあっても樹木の図鑑はない。かといって、こう見えても一応、農学部で林業教育を専攻したのだから、これしきの木の名前でおたおたするわけにもいかない。手を尽くして調べた結果、ようやくつきとめることができた。ニワウルシ。有名な木だ。確かに、イム・キョンビン教授の樹木学の時間に、この木に関する解説を延々と聞いた記憶がある。非常に大きくなる高木で、街路樹として広く利用されている。イム教授の著書『樹木百科』の最初のページに紹介されているはずだ。周囲の人たちも、木の葉の特徴的な香りから、ニワウルシに間違いないと太鼓判を押してくれた。この香りは不思議なことに、何気なく嗅ぐぶんには芳しいのだが、鼻をくっつけてしばらく嗅いでいると頭が痛くなってくる。葉を手でこすると、その香りがあたりに立ち込める。葉は食せるというが、食べるにはまだ若い。来年の春には、充分な肥やしを与えて陽あたりのよい花壇の一角に植えてやるとしよう。

ここに描いたのは、ヤハズソウだ。野辺に行けば、シロツメクサのようにどこにでも見られる一年草。こいつが花壇のまんなかに陣取って、毎年群生しては枯れ、また出てきては枯れることを繰り返している

のだが、繁殖力が強すぎるので、ほかの場所に出てきたものは情け容赦なく引き抜いている。そうでもしなければ、一面ヤハズソウ畑になってしまう。ものの本によると、ヤハズソウも食用にできるというのだが、実際にはひどく筋ばっていて、とても食べられたものではない。ところで、スケッチの右側についている花をよく見てほしい。これまで、どんなに生えたり枯れたりを繰り返しても、一度たりとも花を見たことはなかった。ところが、今日、辺鄙《へんぴ》なところにぽつんと生えていたヤハズソウが、みごとに花開いたのだ。じつに美しくチャーミングなので、そのまま絵に写し取ろうと奮闘してみたが、力不足だったようだ。

狭苦しい花壇にあっては、食べられもしないのに恐ろしい勢いで生長してゆくヤハズソウなど、やっかい者にすぎない。ところが、こういうやつほど抜けば抜くほどますます茂ってくるのだ……。

（1994・8・26）

地ナンキン虫草

白い血をポタポタ垂らして泣き叫ぶ

今日、久しぶりに力仕事をした。照りつける日差しがやっと和らいできたから、そろそろ秋のハクサイでも植えつけようかと畝をふたつばかり盛ったのだ。これまで、イさんが毎日のように汲んでは撒いてきた「人糞＋残飯」の腐ったものを土といっしょによく混ぜて、畝を造った。シャベルを手にしたついでにもうひと仕事しようと、夏のあいだじゅう放っておいた草もきれいに抜き取って、畝の片隅に堆肥の小山を造っておいた。

草を取りながら見ると、白い血をポタポタ垂らし、無言で泣き叫んでいるのがいる。それは、ここに描いた地ナンキン虫草[コニシキソウ]。やたらと生えていた。葉は、すぐ目に飛び込んでくるが、花は虫眼鏡で覗かないと観察できないほど小さい。この絵は、実際のサイズの三倍くらいにはなるだろう。おそらく、地ナンキン虫草をこんなに細かく描写した図鑑はないはずだ。こいつは、その名のとおりに地面にピッタリ張りついて這いまわる。コケ以外では、これまで観察した草のなかで、いちばん大地にくっついて生長してゆく草だ。どれほど密着しているかというと、足でぎゅうぎゅう踏みつけても打撃を受けないほどだ。それだけ、茎が強いということもあるのだろう。茎をブチッとちぎると、白い汁がポタポタ落ちてくる。白い汁を出す草はたいていそうだが、これも虫さされや傷口に塗ると効果てきめんだ。

地ナンキン虫草には、変わった特徴がたくさんある。まず、こいつはほかの草とは違い、保護色で身を包んでいる。この絵は、地ナンキン虫草の先端部分を描いたものだから葉が豊富なように見えるが、全体的には、葉よりも茎の割合が多い。その茎が土色をしている上に、地面にピッタリくっついているから、まったく目立たない。さらには、葉のまんなかに赤褐色の斑点まであるため、いっそう輪郭が把握しづらい。放射線状に茎を伸ばしていったあと、節ごとにまた茎を四方に広げてゆくから、よく成長したのを引っ張り上げると、まるでゴザの座布団みたいだ。ただし、どんなに広がっても、直径三十から五十センチを超えることはない。

わたしは地ナンキン虫草を観察していて、植物の能動的な防御本

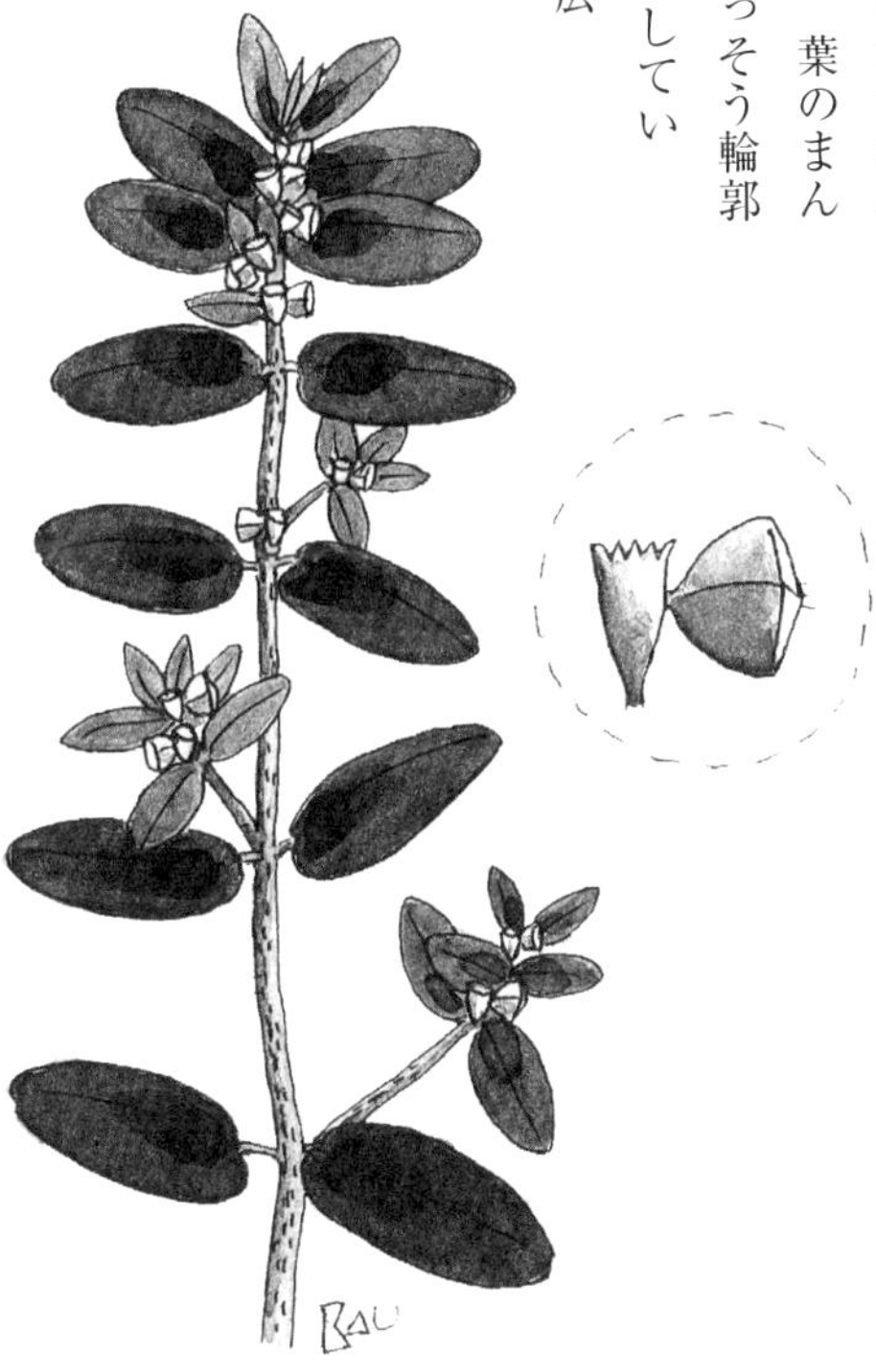

能について認識を新たにした。人間の往来が激しい路傍に生えた地ナンキン虫草は、平たく地面に張りついているが、あまり人の立ち入らない空き地に生えているやつらは、茎がしっかり空に向かって伸びている。つまり、こいつらが地面に張りついて生きているのは、特別、地面が好きだからというよりも、自己保存の本能からきているのだ。

地ナンキン虫草の花が「珍しい花のコンテスト」に出場すれば、間違いなく上位入賞を果たすだろう。小さすぎて裸眼ではよく見えないが、虫眼鏡でじっくり見てみると、いったい花なのか何なのか、わけのわからない形をしている。ごく一般的な円錐形の総苞のまんなかに、つぼ形のめしべがぶら下がっているのだ。点線の円のなかに丁寧に描いてみた。こんなに風変わりな形のものが、節ごとにブラブラとぶら下がっている。細部まで見きわめようと顔を寄せて覗き込むのだが、あまりに小さすぎてよく見えない。あちらこちらとひっくり返しているうちに、嫌になって放り出してしまうことの繰り返しだ。地ナンキン虫草がチャン・ジュングン氏の図鑑にも載っていないのを見ると、その用途や生態などは、まだ謎に包まれているらしい。

これまで、野草に関心を寄せるなかで痛感したことだが、政府は一日も早く国レベルで「野草研究所」を設立すべきだ。製薬会社や化粧品会社の敷地内になら、確かに野草研究所はある。だが、それらの存在理由は利潤の追求にあり、研究目的も限定的だから、生態系の保全と国民福祉の増進という壮大な目的からはかけ離れているだろう? 野草は、この地球上に無数に散らばる、宝物のようなものだ。その野草を、単なる牛の餌や観賞用としてしか活用しないのは、まさに宝の持ち腐れだ。もしかすると、野草のなかから、現在、枯渇しつつある天然資源の代替物を見つけられるかもしれない。そればかりか、不治の病の特効薬や庶民にとって身近な薬が、野草のなかに含まれている可能性もおおいにある。こういうことに投資をせずに、どこに投資しようというのか。

（1994・8・27）

ジャングルの法則

カマキリの生態に関するレポート第二弾

この前のレポートは、自然状態でのカマキリの観察結果だった。しかし、自然のなりゆきに任せていては、いちばん見てみたい場面になかなか遭遇できない。そこで昨日、カマキリを捕まえてゴミ箱に入れ、上に透明ガラスを被せたまま一日じゅう観察してみた。観察のポイントは、ふたつ。食事と交尾のようすだ。

プラスチック容器に、大きめのメス一匹と同じくでかいオス一匹、そしてチビのオス二匹をいっしょに入れた。カマキリのエサとしては、中くらいのクモを一匹、小さいのを一匹入れてやった。やつらには申しわけないが、地獄のような環境を用意させてもらったわけだ。

前の手紙で、カマキリの勇敢さについて疑問を呈したが、今回の観察を経て、それは訂正することにした。カマキリは本当に、勇猛果敢で恐れを知らないやつらだ。場合によっては、無謀とも思える蛮勇を見せる。「蟷螂の斧」のたとえは正しかったのだ。

まず、小さいクモは、わたしがよそ見をしている隙に食われてしまい、どいつの腹に収まったのかわからなかったが、食べ残しのあるところからしてチビの仕業と推測した。でかいやつなら、足まできれいに食い尽くしたはずだ。中くらいのクモは、間違いなくでかいやつの取り分になると予想したのだが、なんとチビがものにした。小さなカマキリ一匹で、自分の頭より三、四倍はあろうかというクモを、前足で覆いかぶさるように押さえ込むと、ばたつくのもかまわず、尻に頭を突っ込んで貪るように食い尽くしたのだ。半分くらい食べただろうか、もう腹がふくれたのか——身体が小さいのだから、無理もない——顔を上げると、ポイと残りを投げ捨ててしまった。ゴミ箱の底に落ちたクモはしばらく身もだえしていたが、すぐに静かになった。チビカマキリだからといって、けっして甘く見てはいけないことを痛感させられた瞬間だった。

クモを仕留めて意気揚々のこいつは、突然ピョンピョン跳ねたかと思うと、自分の身体の三倍はありそうなメスの背中にポンと飛び乗った。体格の差がありすぎて、まるで大木に止まったセミのようだ。それでもチビは、俺も男と言わんばかりにメスの背中にぴたりと張りついたまま、誘惑のダンスを続けている。まったく奇妙な光景だった。どう見ても釣り合わないのだが、チビはしつこく自分の尾を折り曲げて、メスの腹にこすりつける。案の定、メスは冗談じゃないとばかりに、門を閉ざしたままだった。こいつらの交尾も、オスとメスが意気投合しなければ成立しないのだ。参考までに、カマキリの交尾というのは、オスが背に乗って尾をかぎ状に折り曲げ、メスの尾の先の側面に近づけるのだが、そのときメスの性器が開けばそこに挿入して成立する。メスにその気がなければ、尾の先は一向に開かない。この交尾方式は、カマキリのみならずあらゆるバッタ類に共通している。

どんなに頑張ってもだめなので、チビはとうとう降参した。その間、一時間にもわたって、このようすを真正面から睨みつけていたでかいオスが、ようやくチャンス到来とばかりにノッシノッシと近寄ってきて、メスの背に飛び乗った。さっきと同じような誘惑の動きを続けること十数分、メスは自分の相手として不足なしと判断したのか、注意深く尾の先を開いた。ついに、挿入。前回の手紙では、カマキリの交尾時間は四、五時間と書いたが、これも訂正だ。昨日のやつらが交尾するのを見ていたら、わたしのほうがくたびれてしまった。朝十時に始まったのが夜八時まで続いたのだから、なんと十時間もくっついていたことになる。ただし、途中で尾を離して二回ばかり休憩していた。そのうえ、メスときたら、わたしが食事をしようと目を離した隙に、交尾の状態のままでカマキリのチビを一匹食ってしまったらしい。しばらくして戻ったら、前足と羽の切れ端だけが落ちていた。おぞましいやつらめ!

夜八時になって、ようやく気がおさまったのか、オスはメスの背から下りてきた。交尾が終わると普通はメスがオスを食べてしまうのだが、今回ばかりは状況が異なっている。メスはすでに、交尾の途中でお食事をすまされたわけだし、オスはオスで、この体格からして、そう簡単に食われてしまうようには思えなかった。問題は、このオスだ。一日じゅう、メスの上で頑張っていたのだから、その空腹と疲労は想像にあまりある。はたしてやつは、メスの背から下りるやいなや、一匹残っていたチビカマキリに飛びかかると、頭のつけ根からむしゃむしゃと噛み砕いて食ってしまった。首の部分を食べ終えると、次は頭。腹の部分は、半分ほどでやめていた。まったく、ぞっとするような光景だったよ。どうすればあんなふうに、自分の同族をためらいもせず食い尽くせるのか……。わたしの認識では、自分の種族を食すというのは、数多い生物のなかでも相当限られているはずだが、このカマキリというやつは、特異なメンタリティーの持ち主らしい。とにかく、昨夜、プラスチック容器のなかにジャングルの法則が正確に適用された結果、力が強く体格のいいオス、メス二匹だけが生き残ったのだ。

見るべきものはすべて見たので、これ以上苦しめることもなかろうと、二匹とも外に逃がしてやった。おもしろいのは、カマキリの卵が精力剤として使われていることだ。漢方の世界では、クワの木に生みつけられたカマキリの卵は大変効果的な精力剤だという。確かに古来から、ヘビなど、交尾時間がやたらと長い動物の卵や臓器の一部が強壮剤として使われてきたが、人によってはこれを何の根拠もない迷信だと一蹴する。つまり、彼らが長時間交尾するのは精力が旺盛なのではなく、特殊な生体構造上、それくらい時間をかけないと受精に至らないというのだ。そういえば、鳥などの交尾を見ると、ほんの数秒こすりつける間に受精してしまう。動物によっては、直接挿入せずともオスがそばでさっとこするだけで受精するものさえある。

生物の性行為には、じつに興味深いものがたくさんある。しかし、根本的に陰陽の接合という点においては、植物でも動物でも人間でもみな共通している。原理的な面だけでなく、生体構造的にもそうだ。最近、『セックス・イン・ネイチャー』という本が翻訳されたそうだが、これを読めばさらに多くのことが見えてくるだろう。いずれ、もっとおもしろい話をしてあげよう。

もう、クモもカマキリもサヨナラだ。クモはカマキリが平らげてしまったし、カマキリにはもう辟易して、追い出してしまったのだから。

(1994・8・29)

カササギゴマ

軟弱ながらも粘り強い草

今日で八月も終わりだ。明日にでも、秋がやってくるような気がする。だが天気は、相変わらず蒸し暑い。

カササギゴマ［カラスノゴマ］という草の名は聞いたことがあるだろうか？　ここにスケッチした草の名前だ。どこをどう見ても、カササギにもゴマにも縁はないように見えるのだが、どこからこんな名前がついたのだろう。この草は、これまで見てきた野草のなかで、いちばん柔らかくて恥ずかしがりの草だ。きわめて女性的とでも言おうか。葉、全体が、赤ん坊の耳たぶの産毛のような微毛に覆われているので、触るとても柔らかい。恥ずかしがりというのは、花のためだ。葉の上にそっけなく咲くのではなく、小さな黄色い花が葉に隠れるようにして気恥ずかしそうに顔を覗かせるのだ。

花が散ってしまうと、緑豆のさやのような細長いものが伸びてくる。このカササギゴマは、チャン・ジュングン氏の『身体に良い山野草』には登場しないが、クセのない淡白な味なのでよく摘んできては食べている。いかにも従順そうな葉だけあって、生のまま噛んでも少しも青臭くない。だから、ミックス野草のナムルを作るときなどボリュームを出すのにちょうどいい。

ところで、こいつには奇妙な習性がある。周辺環境が劣悪だったり、根の一部が地上に飛び出すなどして身体に異常をきたすと、水平についている葉をすべて地面に向けてだらりと垂らすのだ。こいつを最初に持ち込んだときも、そうだった。三年前、臨《イム》河《ハ》ダムへ社会見学に行ったとき、ダムの前に造成された芝生の公園でしばらく休憩した。その公園はできてから日も浅く、芝生にはところどころ赤土がむき出しになっていて、見たこともない野草が生えていた。まだ春だったので、みな手のひらサイズの幼い草だ。公園の管理事務所では、近所のおばさんを雇って芝生に生えた雑草を抜かせていた。わたしの前方でも、鎌を手にしたおばさんふたりがせっせと作業していたので、彼女たちがここまで来ないうちに急いでことをすませようと、棒きれを拾い上げると草を掘りにかかった。ほかの仲間はベンチに腰かけてサイダーで喉を潤しているというのに、わたしだけ汗をたらたら流しながら草と格闘していたのだ。この日、持ち帰ったもののうち、いまだに元気なのがいくつもある。カササギゴマもそのうちのひとつだが（もちろん、当時は名前も知らなかった）、はじめから葉が垂れ下がっていて、奇妙な草だと思ったものだ。刑務所に

戻って運動場に植え替えても、かなり長いあいだその状態だったので、もともとこういう草姿なのだと思い込んでいた。ところが、一、二か月が過ぎて完全に根づき、雨にも数回恵まれたところ、葉が水平に持ち上がったのだ。今でもこいつは、根や茎が傷つくと、葉がだらりと垂れ下がる。普通の草より原状回復に時間がかかるところから、非常に軟弱な草と思われがちだが、必ずしもそうではない。一年草のこいつは、生存競争が激しいこの花壇でも、必ずなんとかして根を下ろし、真夏になるとあちこちから顔を出すのだ。軟弱ながらも粘り強い草、カササギゴマこそ、まさに内に秘めた力としぶとさを誇る、わが国の野草なのだ。

（1994・8・31）

トルコン　日々、口にしている豆の元祖

花壇の塀側に、トルコン[蔓豆]が青々と茂りはじめたのはかなり前のことになるが、花が咲くのを待っていたので、紙に写し取るのは今日になってしまった。このあいだの手紙で、夏の蔓植物としてはニワトリ蔓草[ツルタデ]がいちばんだと書いたが、じつを言うとトルコンのほうがもっと気に入っている。第一に紫の花が愛らしくて蔓が伸びゆくようすもずっと力強くすがすがしい。それに虫もつかないうえ、やわらかなトルコンの葉は食べることもできるのだ。名前の頭に「トル」がつく植物はおしなべてそうだが、トルコンも、いま現在、わたしたちが食べている豆の元祖といえる。この野生の豆をもとに、育種が繰返された末、今のように大ぶりでおいしい豆が誕生したのだ。昨年、花壇から収穫したトルコンは、小皿いっぱい採れたのだが、どうも貧相で食べる気がしなかった。結局、そのまま取っておいて花壇に蒔いたところ、今年は塀一面がトルコンだらけになってしまったのだ。おそらく、むかし食糧がなかった時代にはトルコンも茹でて食べたのだろう。エノコログサでさえ、救荒作物として食したというのだから……。

いずれ、わたしが暮らす家の庭は、あたかも野草の展示館のようになるだろう。どこかに出かけるたび

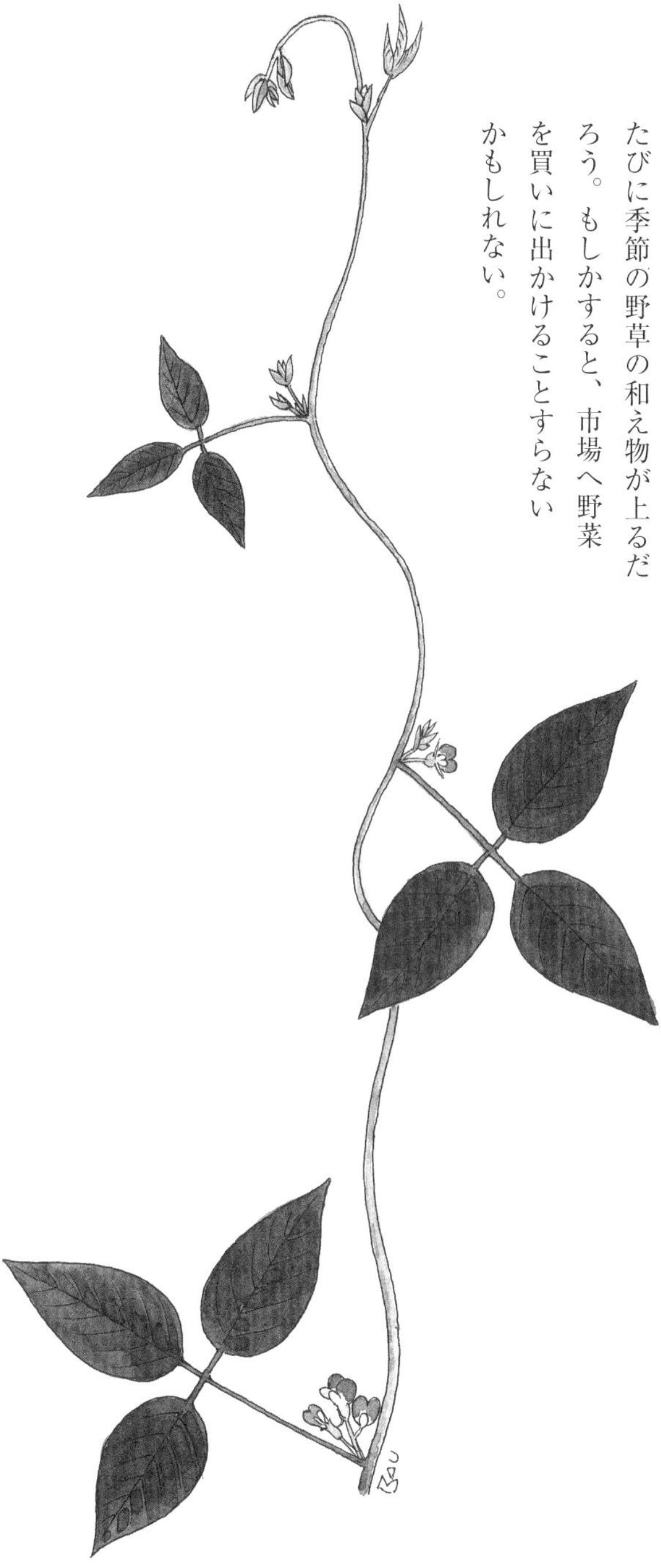

に、少なくともひと株は野草を持ち帰るはずだからだ。それを考えると、広い庭が必要だ。十数年間かけて庭造りをしていくうちに、子どもたちは花を見ただけで本一冊分ほどの野草の名前がすらすら言えるようになる。家のなかには、いつでも野草茶の香りが漂っている。居間の茶棚には、野草の葉を乾かしたものが種類別にずらりと陳列されていて、別の一角には野草を漬け込んだ健康酒が並んでいるはずだ。それだけではない。テーブルには、食事のたびに季節の野草の和え物が上るだろう。もしかすると、市場へ野菜を買いに出かけることすらないかもしれない。

獄中で野草の魅力にとりつかれてからというもの、わたし自身に訪れた変化はひとつやふたつではない。本格的に野草を集めはじめたのは、持病の気管支炎を治したいがためだった。西洋薬を飲み続けるのに嫌気がさして、草を摂りはじめたのだ。いつしか、民間療法や自然健康療法にも興味を持つようになり、これを理論的に裏づけてくれる東洋医学や哲学を研究するようになった。それに、刑務所に入ったことで、煙草、酒、コーヒー、コーラ、サイダーなどと完全に決別することができた。決別どころか、今ではこれらを口にするだけで腹の調子が悪くなるほどだ。代わりに、ヨモギやウツボグサを浸した水を飲んでいる。朝起きて尿療法を実行し、冷たいヨモギ水を一杯飲むと、まさに気分爽快。身体じゅうに生気がみなぎって、常に充電されている気分だ。もちろん、ここで規則的な生活をしていることも、健康維持にひと役買ってはいるのだろうが、常飲している野草茶と尿療法が大きく寄与していることは間違いない。

こうした生活の延長線上で、近頃では、「人間関係においての自然療法」について思いを巡らせている。若かりし頃には、誰かと話していても、とにかく自分の意見を主張したくてうずうずするあまり、たびたび話の腰を折っていたものだが、今ではそんなことはない。呼吸というか、リズムというか、そういったものを対話のなかからつかみ取って、その流れのなかで話もすれば耳を傾けもする。そうすると、わたしも楽だし相手が心を開いてくれるのも伝わってくる。「自然流」を体得した、とでも言おうか。歳をとるにつれ、おのずから自然に歩み寄りたくなるのかもしれない。

（1994・9・2）

王コドゥルベギ　野草の王

ついに、野草の王のお出ましだ。その名は、王《ワン》コドゥルベギ［アキノノゲシ］。この草こそ、野草の王と呼ぶにふさわしい。それは、名前に「王」の字がつくからではなく、野草のあらゆる条件を十二分に備えているうえ、堂々たる体格を誇っているからだ。

まず、サイズから見てみよう。これによく似たイヌヤクシソウは、どんなに伸びても四十センチを超えることはないが、王コドゥルベギは土質さえよければ二メートルにも生長する。所内では土壌も悪く、服役囚からさんざんちょっかいを出されているため、せいぜい一メートルにしかならないが、山裾や平原で自由気ままに生えているのは、どこまでも伸びてゆく。去年、臨河《イムハ》ダムに行ったとき、天をも突かんばかりに並び立つこいつらには感動させられた。みなよく育っていて、二メートルは超えていたはずだ。

次に、野草の命といえば野性的な風貌だ。ワイルドさで言えば、カラノアザミやノゲシにかなうものはないが、王コドゥルベギはまた別の野性美をかもしだしている。ここに、実物大に描いた葉をよく見てほしい。葉先がギザギザに裂けているのが小気味いいだろう？　おもしろいのは、葉の形だ。基本的に対称をなしているのだが、同じ株についた数十枚の葉を丁寧に調べていっても、完璧な対称形を見つけ出すのは容易でない。ここに描いたのは、そのなかでもとくに左右が対称で形の整っていたやつだ。ほとんどは、ボロボロに破れた傘のように、好き勝手な形をしている。これこそ、野生美のきわみといえよう。

第三に、野草は繁殖力が旺盛でなければならない。こいつは丈がある分、花も大量に咲かせる。花は、同じキク科のイワギクやヨメナほどではないが、似たような形のイヌヤクシソウやニガナよりはずっと清楚だ。葉のワイルドさにひきかえ、花はとても素朴で精巧にできている。受精を終えて、花が枯れ落ちたあとに繰り広げられる落下傘ショーは、じつにみごとだ。風の吹く日なら、運動場の一角は王コドゥルベギの種をくわえた白い綿毛で埋め尽くされる。

春になると、花壇のあちこちからその芽が頭をもたげるのだが、慣れないうちはイヌヤクシソウやニガナと区別がつかなかった。抜いてみれば、まるで幼い大根のような、丸みを帯びた根を持っているので見分けられる。この頃は、まだ葉に切り込みが入る前なのでニガナと混同しやすい。ちょうどこの時期の王コドゥルベギが、いちばん美味だ。丸っこい根と、五、六枚ついている葉をまるごときれいに洗い、コチュジャンをつけて食べれば、いい具合に苦味の利いた、さっぱり風味を楽しめる。発芽力ではニガナやイヌヤクシソウに遅れをとるが、生命力は並外れたしぶとさを誇っている。ひとつ残念なのは、生長途中でうどん粉病にかかりやすい点だ。

獄中では確認できなかったが、ある矯導官によると、最近の巷では、この王コドゥルベギが精力増強に効果があるという噂が広まって価格がべらぼうに高騰し、ついには栽培しはじめる人まで出てきたという。これは本当か？　隣室のイさんときたら、以前はあまり興味もなさそうだったのに、この話を聞いてからというもの、何かにつけて王コドゥルベギをたらふく食べようとせっついてくる。おかしいだろう？　それはともかく、こいつはおいしいし、来年用に種を取っておいて本格的に育てるとしよう。

おまえもわかっているだろうが、塀のなかで接することのできる野草は非常に限られている。その範囲内で勝手に決めた野草の王なのだから、出所後にはまた変わるかもしれない。だが、少なくとも、これまでにわたしが見てきた草のうちで、王コドゥルベギほど野草の条件を完璧に備えている草はなかった。

最後になったが、王コドゥルベギの葉には、「緑色」のすべてが凝縮されている。わたしが惚れ込んだのは、もしかするとこの神秘の緑色なのかもしれない。

（1994・9・6）

ヤマノイモ

愛しい夫の精力剤

おまえは、ヤマノイモを食べたことがあるだろうか？　ジャガイモとサトイモを足して二で割ったような、一風変わった味がする。粘り気があって妙な感じだが、あと味はとても爽やかだ。韓国人の口にはあまり合わないようだが、日本人には人気があるらしい。『薬用植物辞典』には、「ヤマノイモは漢方で滋養強壮剤として衰弱症状に処方され、また去痰効果もある。民間でも、遺精や夜尿などの症状に一日十五グラム程度を煎じて飲むとよい。その他、生根をおろし、小麦粉で練ったものを紙に塗りつけて、吹き出物、凍傷、火傷、灸の跡、乳腫などに貼付する」と出ている。もし、ヤマノイモは精力剤だという噂が流れたら、この地にも、神仙草ブームに続いてヤマノイモブームが到来するかもしれない。

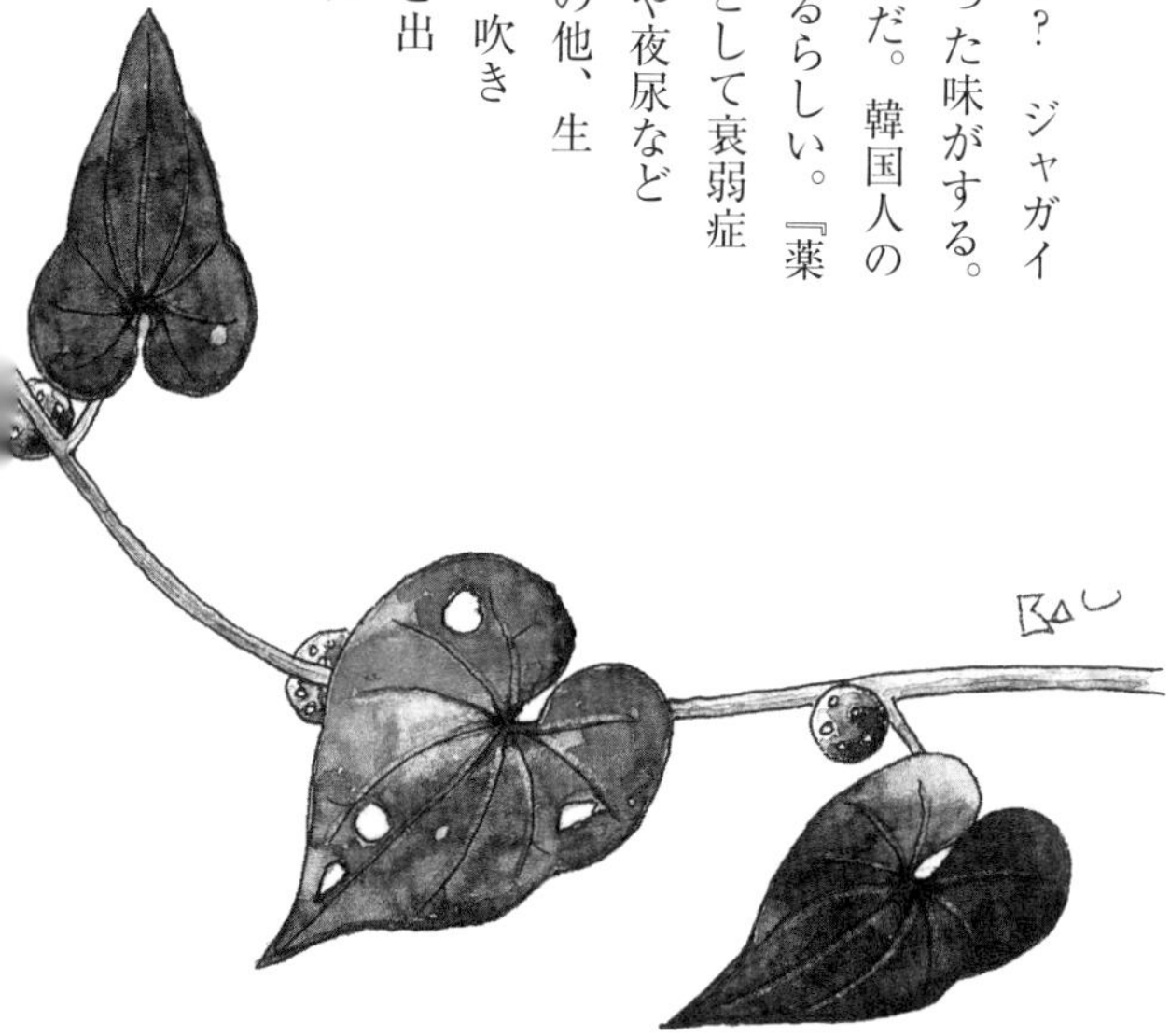

そう言えば、ここに描いたヤマノイモも、あながち精力と無関係ではない。そのわけを話してやろう。この息詰まるような刑務所内で、貴重なヤマノイモが生き残るまでには、じつに涙ぐましい秘話が隠されていたのだ。

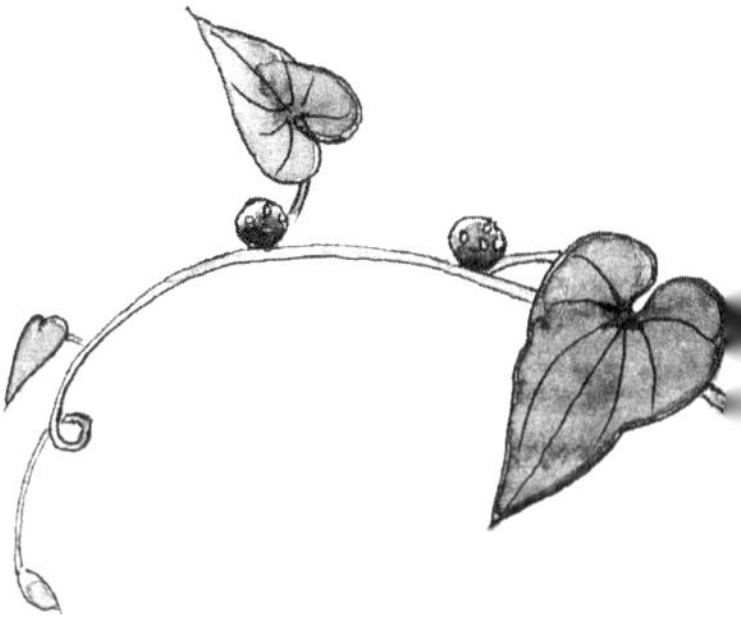

話は五年前にさかのぼる。当時、ここには二十名ほどの政治犯が収監されていた。そのうち、キム・スニルという、わたしよりもひとつ年下の在日青年がいた。背は高いが痩せ型で、気が弱く純粋な青年だった。反面、彼の奥さんは温和な感じの美人だが、性格はとてもしっかりしていて献身的。もちろん相対的な話だが、陰陽的にも似合いの夫婦だ。消極的な夫と積極的な妻。そのせいか、家族面会ともなると、奥さんはあれもこれもと持参してくる。なよなよしたわが夫に精をつけてもらおうというのだろう。ここにあるヤマノイモは、その頃、スニルの奥さんが日本から持ち込んだものなのだ。ある朝、廊下にある共同のゴミ箱まで行くと、見慣れない新聞のかたまりが捨ててあった。気になって開けてみると、サツマイモの根のようなものが出てきたのだが、あちこちに噛んだ跡がある。聞くと、家族面会で食べた残りをこっそり持ち帰ってきたのだが（本当は禁じられ

ている）、いくらも経たないうちに腐ってしまい捨てたというのだ。わたしはそのとき、初めてヤマノイモを見た。ちょうどその頃、園芸部で労役をしていたわたしは、これを土に埋めれば息を吹き返すかもしれないと思いたった。そこで、さっそく園芸部に持ち込んで、腐った部分をそぎ落としてから土に埋めてみた。すると、一か月が過ぎた頃、本当に発芽したのだ！　これには、驚いた。毎日のように水をやり、ときおり肥料も与え、真心込めて世話をした。蔓もぐんぐん伸びはじめたが、二メートルほど伸びたところで生長が止まってしまった。代わりに、葉腋《ようえき》から珠芽《しゅが》（ムカゴ）という種ジャガイモのような奇妙な物体が節ごとに出てきたのだ。ヤマノイモは、ジャガイモ同様、塊根の目を切り取って植えても発芽するが、豆粒のようなこの珠芽を植えても芽が出てくる。この絵のモデルは、あのときから毎年収穫し続けた珠芽から生まれたものだ。日本に戻り、精一杯生きているであろうスニルは、自分の食べ残したヤマノイモが、今でも安東《アンドン》刑務所で命をつないでいることなど夢にも思っていないはずだ。

今、生長しているヤマノイモは、今年の春に植えたものだが、運動場の地質があまりに脆弱なので、ようやく数十センチ伸びたところで止まってしまった。十株ほどあるのだが、それなりに蔓が伸びたのはたったひと株。珠芽だけを収穫して、根はそのままにしておくつもりだ。来年には肥やしをやって、本腰を入れて育ててみるとしよう。

ヤマノイモは、漢方でも、薬草として重宝されているらしい。生薬名は、山薬。薬効からしても栄養価からしても大変優れた食品だから、おまえも一度、試してみるといい。

（1994・9・9）

カタバミ

すっぱくて土臭い味

わたしがむかし書いた本『百尺竿頭《ひゃくしゃくかんとう》に立ち』には、園芸部にいた頃、気管支炎を治したい一心で植木鉢に生えた草を手当たりしだい食べるシーンが登場する。当時、よく食べたのが、このカタバミだ。温室内ではすさまじい勢いで繁殖してゆき、鉢替えをして数か月も経とうものなら、その植木鉢はカタバミだらけになる。それもそのはず、繁殖の仕方が傑出しているのだ。絵の左側にある細長いのが子房なのだが、これが熟すとじつに豪快に弾け飛ぶ。だんだんと殻が乾いてある瞬間にパチンと口を開けるのだが、なかにあった種が四方にパラパラと飛び散るようすは、古代の戦場で、投石器によって投げられた石が飛び交う場面を彷彿とさせる。種のあった場所には、種を打ち出した白いバネのようなものがぶらりと垂れ下がる。ときおり、この瞬間見たさに、熟れた子房をわざとつついて弾けさせたりもする。まるで祝砲を打ち上げたかのようにパラパラと種が飛び出す姿は、何度見てもみごとなものだ。こんな具合に種が遠くまで飛んでゆくので、となりの植木鉢に進出することなど朝飯前。いったん根を下ろすと地下茎が四方へ伸びてゆき、よく生長すると直径三十から四十センチほどの地面が、こいつらでびっしり埋め尽くされる。地上部はせいぜい三、四センチにしかならないのに根は地中深くまで張っていて、掘り出してみると十五センチ以上にもなる。だから、カタバミが植木鉢を覆い尽くすと、そのなかの植物は息もできなくなってしまうのだ。

カタバミは、葉の色で二種類に大別できる。ひとつは薄緑色で、もうひとつは赤みを帯びたもの。赤というよりも、こいつは赤から紫、渋い黄緑まで、じつに多彩なスペクトラムを見せてくれる。一枚、一枚の葉、それぞれが、けっして単色では表現できない奥深い色の重なりを演出している。薄緑のカタバミ〔厳密にいえばカタバミとは別種のエゾタチカタバミと思われる〕のほうがはるかに大ぶりで、大きなものになると、地上部だけで二十センチを超えてしまう。ただし、「小さな唐辛子ほど辛い」と言われるように、この小ぶりで赤っぽいやつのほうがずっとしぶといのだ。

とにかく、園芸部にいた頃には、暇さえあれば片っ端からこいつを抜くのが日課だった。

カタバミは、タンニンとシュウ酸を含んでいるらしいのだが、なるほど、食べてみるとすっぱくて土

臭い味だ。こいつだけで作った和え物はあまりいただけないが、のっぺりとした味の別の野草と混ぜて食べると、この酸味を活かすことができる。カタバミの薬効は、じつに広範囲だ。思いつくままに挙げてみると、疫痢、肝炎、黄疸、咽喉炎、乳腺炎、帯下症、吐血、疥癬、疥《はたけ》、吹き出物、腫れ物、痔など、数限りない。以前、ひどい痔を患っている仲間にカタバミのすり汁を渡して、患部に貼ってみるよう薦めたのだが、面倒くさがって一日でやめてしまった。民間療法に対する不信感は根深いので、試してみるのも楽ではない。せっせとパンでもやりながら、モルモットを集めるほか手立てはないようだ。わたし自身の体調に異変が生じたら、迷わず実験してみるのだが。

（1994・9・13）

スベリヒユ
完璧な野生の薬草

わたしが収監されている棟の裏手は、服役囚の毛布を干す細長い裏庭になっている。その片隅に、複数の野草がいつでも顔を見せている場所があるのだが、同時にそこは、毛布を干しにきた服役囚が、ついでに立小便をするところでもある。まさにその場所に、わたしが安東《アンドン》に来てからこれまで、つまり八年ものあいだ、たえず生え出ては枯れを繰り返している草があった。ここに描いたスベリヒユだ。毎年、あれほど大量にわたしの胃袋に送り込まれても、翌年にはさらに多くの子孫を増やしてゆく。

このスベリヒユが、とんだ災難に遭ってしまった。先月、新たに赴任してきた保安課長が重度の潔癖症なのか、あるいは、その部下が課長に優秀な清掃状態を見せつけたかったのか、とにかく裏庭の草をことごとく抜いてしまったのだ。すっかり丸坊主だ。これまでなら、掃除をしても壁際にくっつくように生えているスベリヒユくらいは残っていたものだが、今回はもののみごとに、一本も残さず抜いてしまった。安東刑務所の清掃員は、野草にとってだけでなく、わたしにとっても天敵だ。草がようやく伸びてきて食べ頃になったかと思うと、突然やってきて見るも無残になぎ倒してしまう。ここに描いたスベリヒユは、その丸坊主地帯から新たに生まれ出てきたやつだ。おそらく、あの場所には、抜いても抜いても次の出番を待ち構えているスベリヒユの種が、重なるように埋まっているに違いない。

北朝鮮の四大名峰といえば、普通は白頭山《ペクトゥサン》、妙香山《ミョヒャンサン》、金剛山《クムガンサン》、九月山《クウォルサン》を指す。北朝鮮の人びとからは、「人民の山」と呼ばれている。人民に休息と安らぎを与えてくれる山、というわけだ。同じく、この国のもっとも民衆的な野草四種を挙げろと言われたら、わたしは迷うことなく、スベリヒユ、ヒユ、オオバコ、アカザを選ぶ。この地でもっとも数多く見られるだけでなく、これらすべてが食用に、また民間薬として広範囲に利用されているためだ。

スベリヒユの生薬名は、馬歯莧《ばしけん》（馬の歯のように見えるため）という。また、スベリヒユは長期間食べ続けると長生きするとして、

長命菜とも呼ばれている。このほかにも、じつに多くの異名を持っているが、いちばんふさわしいのは五《ご》行草《ぎょうそう》という名だ。この名称にまつわる説明を聞けば、スベリヒユこそもっとも完璧な野生の薬草に思えるはずだ。ここでいう「五行」とは、陰陽五行説の五行のこと。陰陽五行説をひとことで言えば、「自然界には、天地陰陽の調和にしたがって五行の特性が表れている」という理論だ。人間を含むあらゆる生命体と、この宇宙全体の営みの原理は、陰陽五行によってすべて説明できるという。

陰陽五行説は、スベリヒユにはどのように当てはまるのだろうか。ここ、刑務所の塀の下にひと株のスベリヒユが生えている。雨粒ひとつ落ちてこない痩せ地でも、ぐんぐんと伸びていける秘訣はどこにあるのだろう。それは、天地の「気」なのだ。手のひらほどにもならないちっぽけな草だが、スベリヒユは全身で「天気(陽)」と「地気(陰)」を吸い込み、みずからを形づくっていく。こうして吸い取られた陽の「気」と陰の「気」は、調和をなして五種類の形態で表れ出る。まず、「生気」は緑色として葉に表れ、周囲に伸びゆく気運は赤い茎となって表れる。そして、新たなスベリヒユとして生まれ変わるための黄色い花となり、地中にある必要な養分をことごとく吸い上げるための白い根として表れ出る。最終的には、スベリヒユのすべてが凝縮される黒い種として形成されるのだ。また、各部位を、人間の身体の五臓六腑に当てはめてみれば、葉は肝臓によく、茎は心臓によく、根は肺によく……といった具合に限りなく対応させていくことができる。これをわかりやすくまとめると、次の表のようになる。

もちろん、スベリヒユだけが、こんな具合で陰陽五行説に当てはまるわけではない。だが、スベリヒユ

陰陽五行説に当てはまるスベリヒユ

葉	青	生	肝	胆
茎	赤	長	心	小腸
花	黄	化	脾	胃
根	白	収	肺	大腸
種	墨	蔵	腎	膀胱

ほど明確に五行の特性を表出しているものはほかにないから、五行草と名づけられたのだろう。スベリヒユは、その別称にふさわしく、薬効範囲が非常に幅広い。あらゆる種類のむくみやできもの、淋病、疫痢、中風、睾丸炎、乳腺症、漆かぶれ、毒虫刺され、解熱、寄生虫の駆除などに使われる。

スベリヒユの和え物は、人によって好みの差はあるが、噛みごたえもありなかなか味わい深い。ただ、口のなかで少し粘つくのが気になる。本によると、これが生い茂る夏に摘み、沸かした湯にさっと通して乾燥させておき、冬、「干し野草」として調理すると美味だという。だが、ここではまだそれほど収量が多くないので試せずにいる。今年、試験的にひとつかみほど乾かしてみて、おいしければ、来年には本格的に栽培するつもりだ。

（1994・9・15）

坊主頭草

刑務所を代表する草

人間の身体器官は、じつに不可思議なものだ。十二時に昼飯として大盛一杯のご飯を食べ、その四時間後に夕食の時間がやってきても、やはりたっぷり一膳分のご飯が入るのだから。それも、その間、身体を動かすこともなく、本を片手に床に座り込んでいるだけだというのに。規則的な食生活を続けた結果、体内時計のリズムが完全に固定化されてしまったらしい。四時に夕飯をすませ、翌朝八時まで何も口にしなくても、どうということないのだ。人間は習慣次第で、一日二食でも耐えられるようだ。タイのチャムロンという人物も、少食だというだろう? しかし、塀のなかでそんな食べ方をしたが最後、即座に保安課へハンスト通報され、問題囚としてマークされてしまう。

投獄される前までは、あまり食べるほうではなかったが、ここで出される飯をきちんきちんと食べているうちに胃袋が膨らんでしまったようだ。いつの頃からか、夕食後にはきまって口寂しくなり、デザートを欲するようになった。デザートがないと食べ足りない気がするし、実際、次の食事まで腹がもたないのだ。最近、よく食べるデザートは、「カステラのミルクかけ」。二百ウォン〔一九九四年当時で約二十五円〕

の購買カステラを皿に入れて、上からパックの牛乳をそっとかける。すると、カステラが牛乳をほとんど吸い込んでしまう。それを、おもむろにスプーンですくって口に運ぶのだ。まるで、西洋人が食後のパイを楽しむように。飯をしっかり一人前食べてからカステラまで平らげると、腹がふくれて狸の腹鼓のようになる。こんな具合に、夕食はめいっぱい食べているが、朝や昼はそうでもない。とにかく、夜は長いのだ。

今日、描いた草は坊主頭草［トキンソウ］。とりたてて好きな草ではないが、ここのように湿気の多いところではあたりはばからずやたらと出てくる。そのしぶとさを買って、刑務所を代表する草として認め、スケッチすることにしたのだ。風格もなく角ばった葉をつけて、花とも呼べないような丸い物体が数節に一輪ずつ咲いていては、そのまま黄色く熟して弾け飛ぶ。これといった魅力もない草だ。食べることはできず、薬剤としても使えないらしい。食用でないというのは本でそう分類されているだけで、わたしが直接実験したわけではない。見た目がおいしそうなら、本にはそう出ていても試してみるところだが、いくら眺めてみても一向に食欲をそそられない。坊主頭草という名は、おそらく黄色く熟した丸い花の形からきているのだろう。

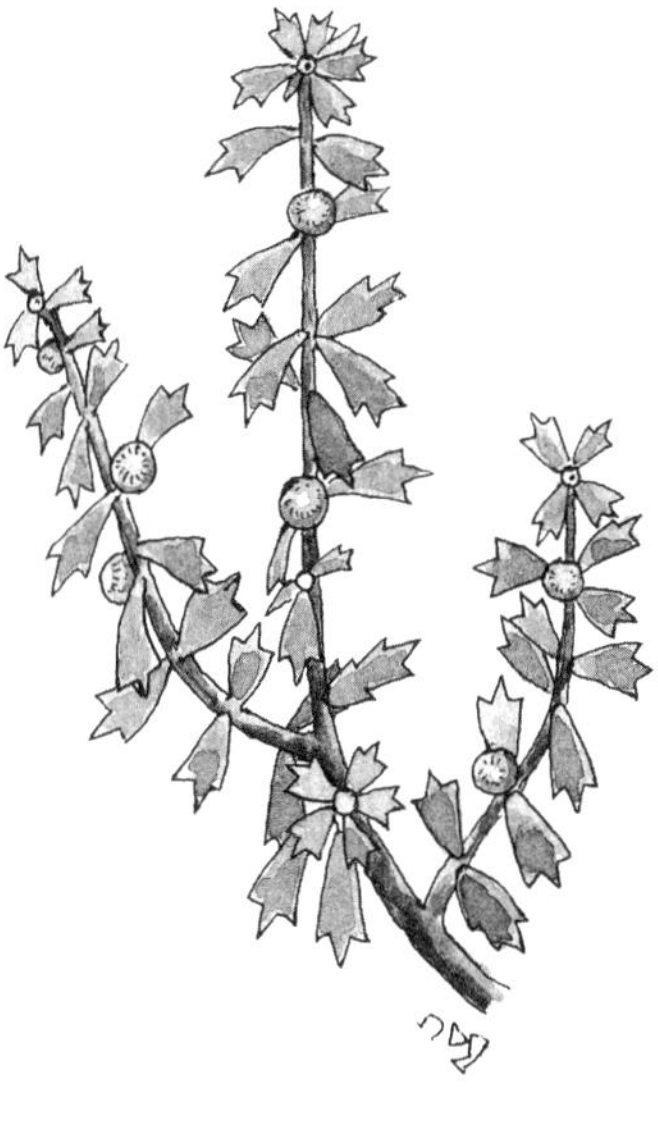

（1994・9・21）

ヒユ　わたしの主食

いよいよ、ヒユの出番だ。
わたしが「わが国の四大野草」に挙げたヒユが、本日の主人公。「いよいよ」などと大仰に書きはじめたわけは、わたしにとって、ヒユは主食のようなものだからだ。ヒユは、春から晩夏にかけて手軽に採り続けられるし、味が淡白でさっぱりしているから、いつ食べてもいい。『本草綱目』によると、「ヒユは寒涼の性質を持ち、味は甘く毒はない」と出ているが、食べてみるとまさにこの説明通りだということがわかる。ホウレンソウによく似た味わいだが、こちらのほうが淡白で冷たい感じがする。

こいつの成長ぶりが、またすごい。時期によっては、採っても採っても追いつかないくらいだ。ヒユを長期にわたって採り続けるには、若い芽を摘んでしまってはいけない。もちろん、豊富に生い茂っているなら、若芽のほうがずっと柔らかいのでお勧めだが、そうでないなら三十センチくらいになるまで待つ。ある程度大きくなると、成長点近くの柔らかい葉をまとめて摘んで、食べてしまう。それから一週間ほどして見ると、前回より五、六倍も多い芽が四方に出ているのが確認できる。こいつらももちろん、フニャフニャと柔らかい。こんなふうにして、数回採ることができるのだ。この方法だと、あとになればなるほど収量が増えてゆく。もちろんこれは、ヒユに限ったことではない。どんな野草でも、食べるときにはこういう具合に収穫すれば、何度でも味わうことができる。今日、描いたヒユは、葉の色もいまひとつだし、すっかり萎えてしまっているから、あまり生き生きした感じがしないだろう。最近の日照り続きで、こんなに強い野草でもバテてしまっているのだ。こいつは、そのなかでもまだ元気なのを選んだのだが。ヒユは食用としてだけでなく、薬としても捨てるところはどこにもないほど隅々まで使われている。煎じたものは疫痢や眼病に効くし、蛇や虫に咬まれたら葉をすって患部にあてればいい。また、陰部冷え性には根をついてあて

るという。さらに、ヒユの種には利尿、下痢止め、通経作用などもあるそうだ。

わたしには、ヒユのように重宝なものが誰からも相手にされず、ハクサイなんかがやたらとちやほやされているのが理解できない。あんなものは、目先を変えた料理がいろいろと楽しめるだけで、ヒユのように多様な薬効があるわけではないだろう？　わたしたちが普段、喜んで食べている野菜のほとんどがそうだ。ああいうものは、長い歳月にわたり人間の手によって栽培されているうちに、自然に対する適応力がかなり低下してしまっている。そのせいで、天地の「気」を吸収し消化する能力も落ちてしまった。つまり、野菜というものは、人間の嗜好に合わせて人工的に作り出された植物なのだ。わたしたちが食卓の上の自然主義を唱えるのは、けっして目新しい味を追求しようということではない。あまりに人工的な操作によって失われてしまった、自然のままの味を取り戻そうということなのだ。そうすればわたしたちも、自然とひとつになる方向へ、一歩近づくことができるはずだ。

一般的な野菜を食べ慣れた人間は、野草の青臭さが鼻につくかもしれない。あるいは、みずみずしいまま和え物にした野草の香りを嗅いだら、原始時代を連想するかもしれない。それも当然だ。はるかむかしの先祖たちは、そんな草を採っては食べていたのだから。文明というものは、そういう草の香りを少しずつ消し去った歴史ともいえる。まさに、野菜がそうだ。文明の変遷とともに変化してきた人間の味覚に合わせ、野性の匂いを取り除き、特定の味だけを選択して育種、発展させたものがこんにちの野菜なのだ。

わたしたち人間は、自分のお粗末な味覚のために、本来、野菜が持っていたさまざまな栄養素や風味を手放し、特定の味と栄養素だけを摂るようになった。そのくせ、いざ料理する段になると、ありとあらゆる調味料を振りかけたり、栄養補給だといってはビタミン剤を飲んだりしている。おかしいだろう？ これが、文明の正体なのだ。要素を分離して、必要なものだけを選んで摂ろうということだ。一見、非常に合理的だが、これでは木を見て森を見ないことになる。この世のなかは、単純な要素の集合体ではない。各要素は、全体のなかにあってこそ、ようやくその価値を十二分に発揮できる。全体から切り離された要素は、制限的な価値しか持てない。野菜は、野菜を取り巻く生態系と固く結びつくべきであり、食べるにあたっては、要素ごとに切り離してはいけないのだ。だから、自然食主義者たちは、熱心に「全体食」を勧めている。頭の先から根っこまで、全体をまるごと食べることが大切なのだ。

野菜とは違い、野草は自然状態のなかで摂取した栄養素や天地の「気」をそのまま保っている。だから、野草を食べていれば、栄養剤やビタミン剤などは必要なくなる。これは何も、栄養素だけに限った話ではない。野草には、まだまだ解明されていないさまざまな薬効が含まれているのだから、食べていれば、知らぬ間に健康になれるはずだ。ただし、野草を食べるためには、まず自分自身を浄化する必要がある。コーラなどに汚された味覚では、けっして野草とお近づきになることはできないのだ。

それにしても、「自然環境をよみがえらせよう」という声は各地で高まっているのに、どうして「わたしたち本来の味覚をよみがえらせよう」という声は聞こえてこないのだろう。

（1994・9・26）

アカザ　おじいさんの杖

これは、「わが国の四大野草」に挙げたアカザだ。アカザは、ヒユに次いでよく食べている草。アカザの若芽には、白い粉のようなものがたくさんついている。本によっては、これをよく払ってから食べるよう注意書きが出ているが、その正体について触れている本は一冊もない。いちいち払い落とさなくても、水ですすげばきれいに落ちる。アカザを沸騰した湯に入れると、ホウレンソウを茹でるときの匂いが漂ってくる。風味も、ホウレンソウやヒユのようだ。淡白な味で飽きがこないため、おかずが貧弱な日などに重宝している。成分が完全に解明されていない野草では多く見られる現象だが、アカザも長期にわたって大量に食べ続けると、身体がむくむなどの副作用が生じるという。だからわたしは、常に数種類の野草と混ぜて食べるよう心がけている。

アカザも、薬草としては万能だ。にもかかわらず、非常にありふれた草なので、かえってあまり使われていないらしい。葉を潰したものを虫さされに貼ってみたが、かゆみもすぐに止まり、きれいに治った。民俗工芸用の植物としてアカザを語る際に、はずせないのが杖だ。アカザの杖は、ついて歩くうちに神経痛や中風に効きめを発揮するというのだから、老人性疾患に苦しんでいるお年寄りにとってはまたとない伴侶といえる。治病効果はおいても、アカザの杖は材質がしっかりしていて軽いので、筋力の弱い老人にぴったりだ。そのうえ、表面が仙人の杖のようにでこぼこしていて美しく、還暦祝いとして贈ればよい親孝行ができる。

子どもの頃、村のおじいさんがついているのをよく見かけた杖が、アカザの茎で作られていると聞いて、にわ

かには信じられなかった。アカザという名の別の植物だろうと思った。それというのも、それまで見てきたアカザは、村の空き地で好き勝手に生えている、小さな草にすぎなかったのだから。
ところが数年前、ここ安東《アンドン》で河回《ハフェ》村の社会見学に行ったとき、柳成龍《ユ・ソンリョン》（号は西厓《ソエ》）先生の遺物展示館で大きなアカザの杖を目のあたりにしたのだ。さらに、その道すがら、奥まった畑の片隅でわたしの背をはるかに超えて高く伸びるアカザを見て、この事実をようやく信じられるようになった。塀のなかの痩せ地で、手のひらサイズのアカザばかりを相手にしていたのが、突然、仰ぎ見るほど生長したやつに出くわしたのだ。このときばかりは、ある種の畏敬の念まで湧いてきた。それはまるで、深山幽谷をさまよううちに巨大な怪樹に遭遇したかのような気分だった。記録によると、土質と気候の条件さえ合えば、二メートル以上にも伸びるというのだから、野草の王のタイトルはアカザに与えるべきかもしれない。

ところで、これほどの事実をこれまで知らずにきた理由について考えてみた。アカザは、場所を選ばずよく発芽するものの、生長するには肥沃な土地を欲するため、道端の空き地などで普段目にするのはチビのアカザばかりだったのだ。それからというもの、アカザの成育に注意を払うようになったのだが、こいつの成長過程は、植物学の教科書そのままだということがわかった。まず、幼い頃には厚みのある幅広の葉を多くつけ、長く伸びゆくための土台となす。和え物として食べるのは、この時期だ。葉がある程度茂ってくると、ものすごいスピードで伸びはじめる。この頃から、先端部と枝の股に、粟の粒を寄せ集めたような黄緑色の花をびっしりと咲かせるのだが、その重さだけでもかなりのものだ。この重い花を支えるために、こんどは横方向への生長を始める。すなわち、茎が太くなるのだ。同時に、なるべく多くの花を咲かせようと無数に枝を伸ばすので、それに伴って葉はだんだんと小さくなる。秋になって、受精後の花をつけたアカザは、小ぶりだがりりしい姿（樹形で見ると、ラクウショウに似ている）となる。これを引き抜いて（切ってしまうと、でこぼこの根が活かせなくなる）小枝を払うと、かの有名なアカザの杖になるのだ。出所したら、ぜひとも自分の手で立派なアカザの杖を作り、両親にプレゼントしようと心に決めている。

（1994・9・29）

ガガイモ

噛みごたえのある、ふわふわした白い綿玉の味

このガガイモを、眺めてみてほしい。じっと静かに見つめていると、わたしがこれまでこいつと交わしてきた対話が聞こえてくるかもしれない。山野に生え出たガガイモは、すでに種を飛ばして紅葉していることだろう。ここにスケッチしたのは、裏庭に落ちた種が最近になって顔を出したやつだから、まだ緑も若々しい。生えてきたのは三株だ。そのうちふた株はくっつくようにして出てきたのだが、その仲睦まじさには見ているほうが妬けてしまう。これっぽっちの隙間もなく、からまりあって生長している。

ガガイモは、とても強靭な植物だ。茎も葉も丈夫で、なかなかちぎれない。茎のなかには、白い汁がたっぷり詰まっていて、ひどい日照りでも簡単には枯れない秘密がここにあるようだ。実際、何種類かの蔓植物を折って外気中に放置してみると、いちばん最後まで生気を失わないのがガガイモだ。こいつは、一度植えておけば地中の茎で四方に広がっていく。春になって、あちらこちらで分厚い地表を破り頭をもたげるガガイモの芽は、なんとも健気なものだ。これまで、地下茎で広がっていく植物をいくつも育ててきたが(フキ、ケナシイヌゴマ、アレチアザミ、サツマイモなど)、ガガイモほど力強く、地を蹴破るように芽を出す草は見たことがない。そのせいか、生長するスピードも速く、一夜にして十センチ以上も伸び

るのだ。ガガイモは、茎や葉はみなすべすべしているが、おかしなことに花だけが毛むくじゃら。五裂する紫色の花が、くるくるとらせんを描いて咲いてゆくのは、なかなかに風情がある。

ガガイモの実は、幼い頃よく食べた。細長い雫形《しずくがた》の実を、まだ熟してもいないのに摘み取って皮をむくと、芯はしっかりしているのにふわふわした白い綿のようなものが出てくる。それを取り出して食べるのだが、

その味はなんとも表現しがたい。わずかに甘みがあるばかりでじつに味気なく、お世辞にもおいしいとは言えない代物だ。それでも、こいつを見かけるとつい手が伸びて口に放り込んでいたのは、噛むときの爽やかな食感のせいだろう。この白い綿玉のような部分は、実が熟すにしたがって水気がな

くなり、細長く分裂しながら種の頭にくっつく落下傘となっていく。
今年に入り、このすばらしきガガイモを花壇から追放することにした。わらわらと寄ってくるアブラムシが耐え難かったのだ。そこで、この春には、芽が出たと見るやことごとく抜いてしまった。いや、正確にはひと株だけ残しておいたのだが、それもアブラムシの集中攻撃に抗しきれず死んでしまったのだ。おそらく、ガガイモの白い汁がアブラムシにとっては最高の栄養源なのだろう。とにかく、このアブラムシのたかり方は尋常でない。各種各様のアブラムシで、茎はすっかり埋め尽くされる。おかげで、アブラムシの生態にも関心を持つようになったのだが、わたしの観察が正しければ、こいつらもハチやアリのように規律ある集団生活をしているようだ。数十匹のアブラムシが、リーダーの合図に合わせて規則的に汁液を吸い、動いている。今はまだ、正確な結論は出せずにいるが、来年、ガガイモがまた出てきたら、虫眼鏡で本格的に観察するつもりだ。

（1994・10・16）

キクのない秋などない

もしもキクがなかったら、秋もないに等しい。キクのない秋の風景など、木枯らしの吹きぬける荒野も同然だ。

そのむかし、学校で秋の遠足に行ったとき、キクに似た花とたびたび遭遇した。その花の名が知りたくて、畑仕事を終えて出てきたおじさんを捕まえて聞くと、ぶっきらぼうな答えが返ってきた。

「おう、ノギクだ」

「おじさん、こっちは紫色で、あっちのはちっちゃくて黄色いけど？」

「だから、ノギクだって言ってるだろ！」

首をかしげつつも、それで諦めるほかなかった。

後年、花について学ぶ過程で、ようやくおじさんの答えに納得できたが、当時はこのノギクと称される花がやたらと多い理由について、まったく理解できなかった。

そう、秋の今頃、野山に花開く野生のキクの仲間は、総じてノギクと呼ばれているのだ。だからといって、キク科に属するオオヨモギ、イヌヤクシソウ、コバノセンダングサなどはノギクとは呼ばれない。あくまで、キクに似たもの、すなわち、アワコガネギク、シマカンギク、ダルマギク、ヨメナ、シオン、九節草［チョウセンノギク］……、こういったものをひっくるめてノギクと呼ぶのだ。

このなかでも、雅やかで涼しげな秋の情趣をもっとも美しく演出してくれるのは九節草だ。九節草は、花を愛《め》でるだけでなく、薬用としても重要視されてきた。おもに通経作用など、女性向けの薬として使われるのだが、毎年陰暦九月九日になると折ってきて薬にしたことから、九節草と名づけられたそうだ。九節草が所内にあれば、間違いなく花壇を彩っていたはずだが、残念ながら塀のなかには存在しない。

夢のような話だが、去年までは、この部屋から見下ろせる二階建ての建物の屋上で、可憐な九節草が咲き誇るのを毎年楽しむことができた。屋上などで掃除をして、ホコリやゴミなどを一か所に寄せたものが小山になっていたりするだろう？　そこへ、どこからか飛んできた九節草の種が芽を出したのだ。秋になって、明るい薄紫の花を束のように咲かせた姿を目にすると、たとえようもなく嬉しかったものだ。当時は、毎日のようにその屋上を見下ろして、九節草の安全を確かめては日々の日課を終えたものだった。O・ヘンリーの『最後の一葉』のように、味気ないセメントの世界にぽつんと咲いたその花に向かって、いつまでも咲いていろよと切に願っていたのだ。ところが、今年の春のこと。朝飯をすませて何気なく屋上を見下ろしたら、なんということだ！　九節草の生えていた場所が、ちりひとつなくきれいになっているではないか！　定期検査を控えた大掃除で、あっけなく非業の死を遂げてしまったのだ。

「神よ、この人間どもの憐れな潔癖症を癒したまえ！」

幸い、今、この刑務所では、何年か前の社会見学で持ち帰ったアワコガネギクが力強く生長している。ここに描いたのは、その一部。植えたのはわたしだったが、実際に育てたのはイさんだ。

一年めには何の花かよくわからずに、そのまま放っておいた。すると、縦に縦にと伸びていって、二メートルを超えてしまった。はじめは、イさんもわたしも、ヨモギの仲間だと思っていた。ところが、秋になって惚れぼれするようなキクの花を咲かせたのを見て、ようやくアワコガネギクとわかったのだ。そこで、翌年からは、春のうちからこまめに剪定することにした。イさんが、すっかりかかりきりになって剪定したり添え木をあててくれたおかげで、今年はじつにすばらしい作品に仕上がった。ぎっしり詰まったアワコガネギクの花が、直径一メートルにも達する大きな球を形作った「アワコガネギクの太陽」が完成したのだ。自然のままにしておいたら、縦にばかりひょろひょろ伸びて、みっともなく倒れ込んでいたに違いない。

アワコガネギクは、観賞用として植木鉢に植えられている黄色いキクの原型といえる。この小さな花が長い歳月をかけて形の変化を繰り返すうちに、今、わたしたちがよく目にする、大きくて情緒あふれる黄花のキクとなったのだ。

アワコガネギクの花のサイズは直径二センチにも満たないが、香りだけは他の追従を許さない。観賞用のキクよりも十倍は強い香りを放つ。こいつをひと束折ってきて、コーラの瓶にさして部屋に置き、じっと座っていると、香りに酔って頭がくらくらしてくる。そのせいか、菊茶にしても、観賞用のキクよりずっと強烈で苦味がある。やはり、人の手によって栽培されたものより、野生のもののほうがはるかに中身が濃いようだ。人間が黄色いキクに望んだものは、うっとりするような花だったのであり、香りや味ではなかったのだ。

去年は、ほかの野草茶の準備まではとても手が回らず、冬のあいだじゅう菊茶三昧だった。だが今年は、春先からせっせと動きまわったおかげで、そのときどきの気分に合わせて茶葉を選んで味わえそうだ。そのかわり、それでなくとも本の山で狭苦しいわたしの部屋は、あれもこれもと草が乾かしてあるために、いっそう雑然としている。

それにしても、菊茶が身体に良いのは確かなようだ。昨冬、風邪ひとつひかずに健康に過ごせたのもみな菊茶のおかげだろう。むかし、中国の彭祖《ほうそ》という人は、菊茶を飲んで千七百歳〔八百歳という説もある〕まで生きたというのだが、顔つやなどは十七、八に見えたという。仙人まで引き合いに出さずとも、『本草綱目』によれば、長期間、キクを服用していると血流がよくなり、身が軽くなって老化を防ぐ働きもあるという。また、胃腸を整え、五臓を活気づけ、四肢のバランスを整える。そのほかにも、風邪、頭痛、めまいに有効だと記されている。

この秋が終わる前に、気分転換をかねて峨嵯《アチャ》山のふもとにでも遊びに行って、アワコガネギクやシマカンギクでも摘んでみるといい。日陰で乾かしておけば、冬のあいだじゅうティータイムを楽しめる。もちろん、お客さまにお出ししても喜ばれるだろう。

（1994・10・25）

4

新天地での思索の旅

——大邱刑務所にて

このすばらしい色彩のコントラストこそ、晩秋のひんやりした空気と強烈な陽光のもとでなければけっして引き出せない、大自然の芸術だ。どこまでそれを表現できるかわからないが、とりあえずスケッチしておこう。呼吸を整えようと空を見上げたのに、かえって息を呑んでしまった。

大邱刑務所へ移監

昨日今日と、小春日和が続いている。そちらも冷え込まなければよいのだが。

もう連絡がいったろうが、昨日づけで大邱《テグ》刑務所に移監されてきた。あまりに突然だったので面食らったが、これでよかったと思っている。実際、安東《アンドン》には長居しすぎた。ただ、気心の知れた仲間と別れるのは淋しくてね。とくに、イ・ソンウさんが数日前に入院してしまい、心配していた矢先に、ろくに挨拶もできず来てしまったのだから……。先もそう長くない七十の老人をひっ捕まえて、否が応でも離さないこの政府には、ほとほと愛想が尽きた。

ここの光景は、むかしの西大門《ソデムン》刑務所にうりふたつだ。安東は確かにこぎれいだが、あまりに機械的で隙がなく、施設に人間臭さが感じられなかった。しかし、ここは人であふれかえっているし、すえた臭いが漂っていて、行動も比較的自由。これでこそ、人の暮らす場所だ。

だが、安東に比べたら、ここは都市のどまんなか。空気がひどく濁っている。昨日、移監されてきたとき、いったん大邱市内に入ってから再び花園《ファウォン》に出るまでの道で、ちょうど夕方のラッシュに巻き込まれたのだが、その混雑ぶりときたら……。護送車の鉄格子の隙間から、かろうじて覗き見た風景は、想像を絶していた。あのすさまじい車と排気ガス、セメントのかたまりに囲まれて、どうやって生活しているのだろう。怪物でもあるまいし、あんな環境でよくも生きていられるものだ。この十数年間で、わたしの身体は都市に対する免疫力が極度に低下してしまったらしい。今のわたしは、ほんのひと息、排気ガスを吸い込んだだけで、胸がむかむかしてどうにもならなくなるのだ。

どんな場所にも、一長一短があるようだ。残念なのは、ここには政治犯専用の運動場がなく、農作業ができないこと。安東では畑仕事が生きがいだったというのに。あそこでは、来年の農作業に使おうと種をたっぷり用意してあったのだが、すべて水の泡と化してしまった。いちばん心残りなのは、去年一年、汗水たらして畑を世話し、収穫した立派なズッキーニが十個以上も塩漬けにしてあったうえ、幼いダイコンを使ってキムチも漬けてあったのに、味見すらできずに来てしまったことだ。農作業をする人間と、それを食べる人間は、もともと別の人と決まっているらしい。わたしが離れてしまった以上、あの畑はまた、もとの運動場に戻ってゆくのだろう……。

大邱に到着したのがかなり遅かったので、荷物はまるごと倉庫に預け、毛布二枚を抱えて与えられた独房に入った。今度の移監にともない、大部屋をふたつに区切って新たに独房が造られたのだが、とても清潔で部屋も安東より広めだ(一・六坪)。ただ、陽はあたらず、トイレも汲み取り式だから少々臭うのだが、このくらいは充分耐えられる。まだ、部屋のなかにはティッシュホルダーひとつない。のんびりマイペースで、服役囚の部屋らしく改造していこう。近いうちに、おふくろと面会に来てくれたらありがたい。

（1994・12・10）

Kwon Field

何もないように思えたここも、春になってみると、これまで清掃員のシャベルを避けて姿をくらませていた草たちがいっせいに頭をもたげはじめた。いずれ、改めてここの草花の詳しいリストを作るつもりだが、せいぜい二十種類といったところだ。ぱっと見ていちばん目につくのは、やはりナズナとハコベだ。安東《アンドン》ではキュウリグサが優勢だったが、ここではまったく姿を見せない。目新しいのはあまりないが、その代わり、今日、白花タンポポに出会った。黄色いタンポポならどこででも見られるが、白いのは初めてだ。黄色いのより大ぶりな花のせいか、どことなく気品が漂っていた。ところで、ここには在来種よりもセイヨウタンポポのほうが多い。見た目はほとんど同じだが、西洋からやってきたのは総苞片《そうほうへん》が完全に垂れ下がっているので区別できる。

今日は、とにかく最初の一歩を踏み出そうと、運動場として使われている庭の片隅にひと坪ほどの花壇を造った。とりあえず、石ころを取り去って土を盛っておいた。雨の日を利用して、あちこちに散在している野草や野菜を集めてきて植えるつもりだ。この花壇を守り抜くには、所内の清掃班メンバーにしっかり言い含めておく必要があるのだが、どうにも心もとない。担当官や班長に話したところで、実際に作業する清掃員が何の気なしに掘り返してしまったら、元も子もないのだ。安東でも、幾度もそんな目に遭った末、ようやく花壇と認めてもらえた。彼らにとって、雑草が整然と植えられている花壇など、見るに耐えないらしい。

こうして新たな花壇を造ってみると、安東に残してきた畑がありありと思い出されて、すぐにでも飛んで帰りたくなる。ちょうど今頃、たくさんの芽が地面の殻を突き破って顔を出し、背比べをしているはずだ。わたしの記憶がまだ確かなうちに、あそこのようすを記録に残しておかなければ。オランダのゲイ作家ヴィムは、あの畑にわたしの名前「Dea Kwon（大権）」の最後をとって「Kwon Field」と名づけてくれた。

廊下に面した細長いのが野草園で、その下の八畝はサンチュやエゴマ、ダイコンなどを育てた畑だ。そのうち斜線部分は、一面のヨモギ畑にして、年じゅう食べられる量のヨモギを栽培したところだ。では、野草園を細かく見てみよう。広さは約八×〇・六平方メートルで、おもに多年生の草が植えられている。バラエティーに富んではいるが、手入れを怠ったら最後、花壇の左半分はケナシイヌゴマとヤハズソウに、右半分はアレチアザミに覆い尽くされるのが目に見えている。やつらは、成長のスピードと繁殖力が抜きん出ていて、ほかの草を圧倒してしまうのだ。そのほか、この草たちの隙間に割り込むようにして、一年草が陣取ってゆく。こいつらは、花壇のなかだけでなく、その周辺や運動場の地べたにまで進出する、しぶといやつらだ。タンポポ、ニガナ、アカザ、ヒメジョオン、トキワハゼ、オオバコ、ノミノフスマ、ト

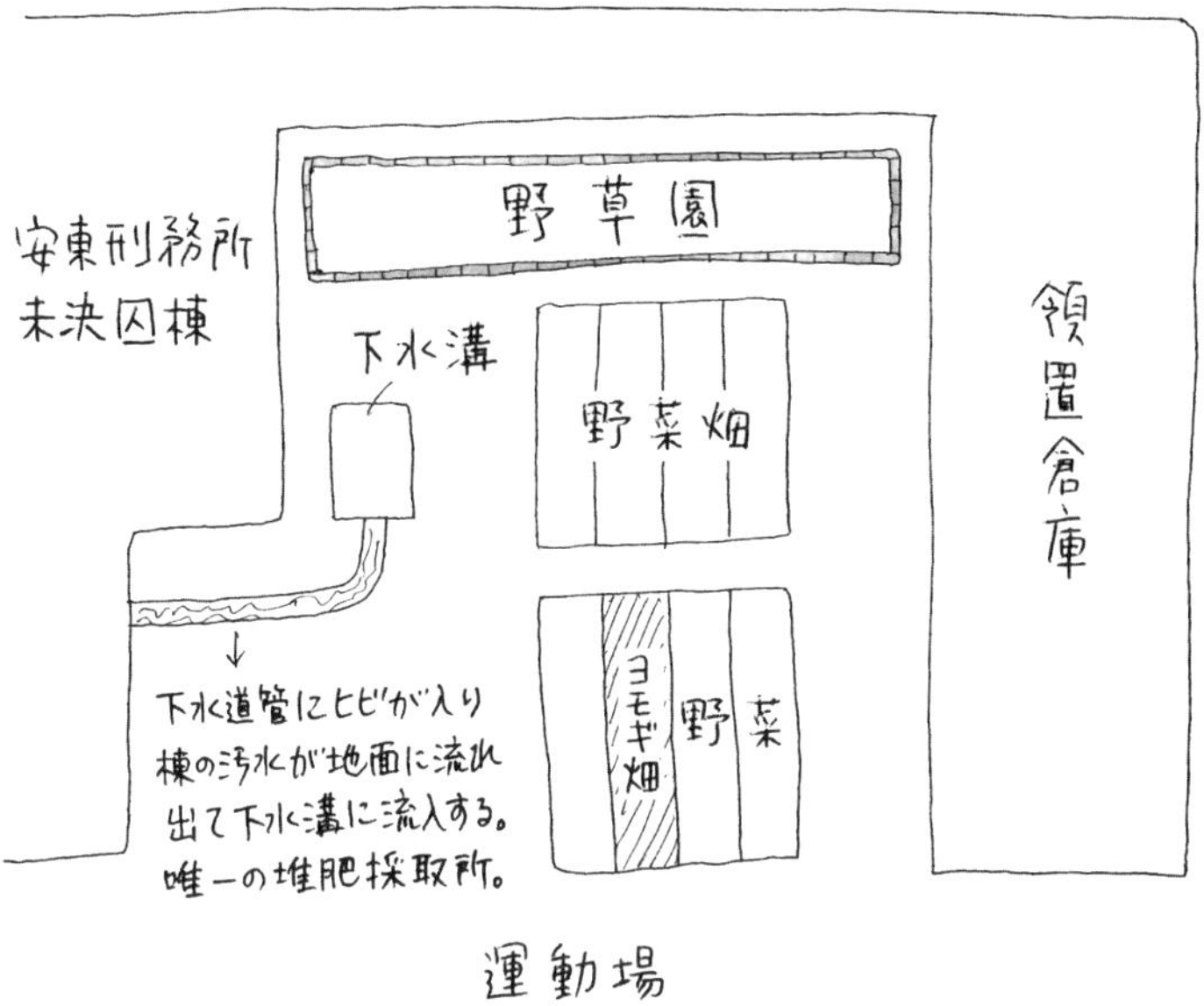
安東刑務所
未決囚棟
野草園
下水溝
野菜畑
領置倉庫
ヨモギ畑
野菜
下水道管にヒビが入り
棟の汚水が地面に流れ
出て下水溝に流入する。
唯一の堆肥採取所。
運動場

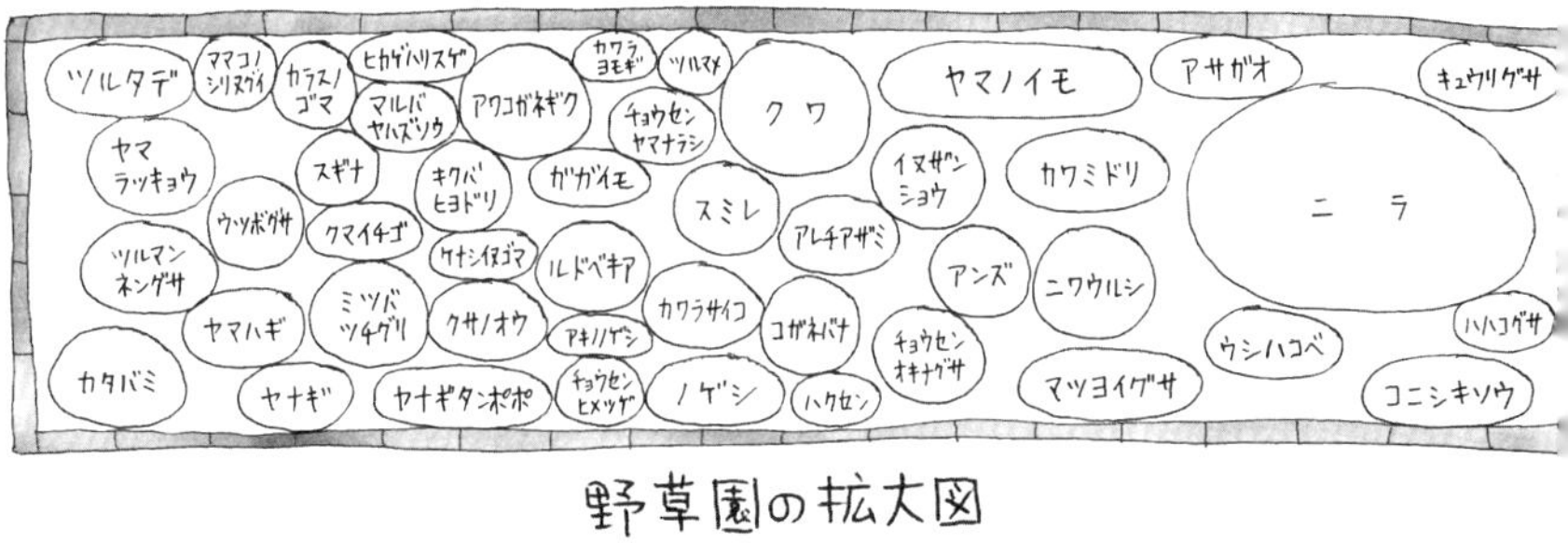
ツルタデ
ママコノシリヌグイ
カラスノゴマ
ヒカゲハリスゲ
マルバヤハズソウ
アワコガネギク
カワラヨモギ
ツルマメ
チョウセンヤマナラシ
クワ
ヤマノイモ
アサガオ
キュウリグサ
ヤマラッキョウ
スギナ
キクバヒヨドリ
ガガイモ
スミレ
イヌザンショウ
カワミドリ
ニラ
ウツボグサ
クマイチゴ
ケナシイヌゴマ
ルドベキア
アレチアザミ
ツルマンネングサ
アンズ
ニワウルシ
ミツバツチグリ
ヤマハギ
クサノオウ
カワラサイコ
アキノノゲシ
コガネバナ
チョウセンオキナグサ
ウシハコベ
ハハコグサ
カタバミ
ヤナギ
ヤナギタンポポ
チョウセンヒメツゲ
ノゲシ
ハクセン
マツヨイグサ
コニシキソウ

野草園の拡大図

キンソウ、タネツケバナ、エノコログサ、ツユクサ、オニタビラコ、キツネアザミ、スベリヒユ、ヒユ、ヤナギタデ、オヒシバ、カヤツリグサ、イヌホオズキ、スズメノテッポウ、アサガオ、ツルタデ、ノボロギクなどがそれにあたる。目線を上げると、木が六、七本立っているのだが、みな腰の高さにもならない小型のものだ。これらはすべて、この花壇で種を発芽させて、育てあげたもの。花壇にある草のほとんどが、社会見学のたびに集めてきては植えたものだ。そのなかには、苦労して持ち込んだものの、年を越せずに姿を消したものも少なくない。種を取れずに育てつづけられなくなったケースが大部分だ。これには、リュウキュウコザクラ、ツメレンゲ、ハクセン、エンゴサク、オニユリ、ツルボ、セキチク、クルマバアカネ、フキ、エノキグサなどが含まれる。

花壇に咲いていたものは残らず列挙したつもりだが、その周辺で勝手に生えては枯れていく数知れない草までは、とてもカバーしきれない。わたしが去年、スケッチして送ったのは、このうち二十種くらいになるだろうか。ここ大邱《テグ》でも新しい花壇を造ったから、引き続き農作業に励むとしよう。いよいよ、この地でも新たな闘いが始まった。狭苦しいうえ、ほとんど草も生えていないが、それでも一からの開拓というのは心躍るものだ。この調子では、こんなわたしでも、「塀のなかの野草専門家」と称される日が来るかもしれない。

（1995・4・6）

サンショウ論争

ここのところ、イ・ユミさんが著した『知っておくべき私たちの樹、百種』（玄岩社）を大変興味深く読んでいる。六百ページを超すぶ厚い本だ。じっくり読み進んだものだから、たいそう時間がかかったが、ようやく数十ページを残すのみとなった。専門家でありながら、イさんほどしなやかな文体を駆使できる人はそういないはずだ。これまで、草木に関わる本ならば金に糸目をつけずに買いあさってきたが、それなりの写真があれば文章がいまひとつで、文章がよければ写真がどうにもまずく、内容が充実していれば解説がつまらなく……といった具合にそのすべてを備えた本にはお目にかかれなかった。ところが、いちばん歳若いイ・ユミさんが立派な作品をみごと完成させたのだ。著者紹介を見ると、一九六二年生まれでソウル大学山林資源学科を卒業しているという。ざっと計算すると、学科名変更前の林学科八〇年度入学くらいになるはずだ。林学科八〇年度生といえば、わたしと机を並べた可能性もある。わたしは農業教育科で林学を専攻していて、林学科のおもだった科目は履修していた。当時、確かに何人かの女学生がいたように思うのだが、兵役帰りの復学生の立場で単位をとるのに必死だったわたしは、講義室に誰がいたのかまったく思い出せないのだ。林学科を出た友人に聞けば、すぐにわかるだろうが……。

木に関する書籍としては、おそらくこれが、十年以上も前に最初のベストセラーとなったイム・ギョンビン教授の『樹木百科』(一志社)以来、もっとも売れ行きのよい本となるに違いない。この本がひと足早く出版されていたら、去年、安東《アンドン》でイ・ソンウさんと繰り広げた「サンショウ論争」の決着もついていただろうに、残念でならない。あの頃、イさんとわたしはいつも草や木の名前、性質などを巡って言い争っていた。わたしはおもに、本から得た知識を根拠に主張して、イさんは経験から得た知識で打って出るという具合だった。結果的には、本に基づいて主張するわたしの判定勝ちとなることが多かったが、その過程で多くのものを学んだ。若かりし日のイさんが故郷で耳にしたという草の名前や由来などが、ほかのルートを通じて証明されるたびに、既存の本ではわからなかったことを知り得たのだから。

サンショウ論争について話すとしよう。花壇の中央に、無数のトゲをつけた灌木が一本、植えられていた。それは、イさんが社会見学に出て採ってきたものなのだが、彼はこれをサンショウの木だと言う。ところが、図鑑によると、どう見てもイヌザンショウなのだ。こうなれば当然、運動時間が来るたびに、やれサンショウだ、やれイヌザンショウだと飽きもせず論争を繰り広げることになる。ところがある日、田舎出身を名乗る老人が身体をほぐしに表に出てきて、わたしたちのやりとりを小耳に挟んだ。老人は、それは紛れもなくサンショウだと断言し、自宅にあるサンショウの木について延々と語りはじめたのだ。わたしは立つ瀬がなくてね。それからというもの、この論争はわたしの暫定的判定負けとなって再び話題に上ることはなかったのだが、それでもイヌザンショウだと信じる気持ちに変わりはなかった。それが今回、イ・ユミさんの本によって真相が明らかになったのだ。

正解は、イヌザンショウ！　イ・ユミさんも同じような経験をしたようで、サンショウとイヌザンショウが事細かに比較してあった。この本をイ・ソンウさんに見せたいところだが、そばにいないのが残念だ。それにしても、イヌザンショウの特性や用途にまつわる彼の説明はすべて的を射ていた。ただ単に、目の前のイヌザンショウをサンショウと見誤ったにすぎないのだ。

この本を読めば、いずれ自宅の庭に植えるべき木の種類がだいたい絞られてくる。ノウゼンカズラ、ネムノキ、フジ、ヒロハハシドイ、ムラサキシキブ、シジミバナ、アキグミ、ノイバラ、アケビ、マンシュウグルミ、ナツメ、カリン、エゴノキ、チョウセンゴミシ、サンシュユ、ズミ……。欲張りすぎだろうか？　できることなら、ここに挙げた木をひとつ残らず植えてみたいものだ。

（１９９５・５・３）

「木蘭」にまつわる論争

おとといの手紙で、安東《アンドン》時代にイさんとやりあったサンショウ論争について書いたが、今日は、それよりもっと熾烈《しれつ》だった「木蘭《もくらん》」論争について話すことにしよう。この問題もやはり、『知っておくべき私たちの樹、百種』によって、みごと結論が出たからだ。

ある日、北朝鮮の国花に指定された「木蘭」とは、いったいどんな花なのかという論争が巻き起こった（塀のなかでは、こういう状態を「審議入り」というのだが、服役囚はありあまる時間をやり過ごすために、些細なことでも好んで論争に持ち込む）。いまだ、北朝鮮の国花をチンダルレ［カラムラサキツツジ］と思っている人も多いようだが、曲がりなりにも北朝鮮問題に関心があるのなら、八〇年代に入ってそれが「木蘭」に変わったことくらいは知っているはずだ。ところが、「木蘭」がどういう花なのか、明確にわかっている人間はいなかった。互いにあいまいなときには声の大きな人が勝つというが、それぞれ内心びくつきながら、声を張り上げて主張し合ったのが懐かしく思い出される。

大勢でああだこうだと言い合ってはみたものの、同じ棟で草木に関心があるのはイさんとわたしくらいのものだから、結局はふたりの対決にいきついた。当時、イさんは、「木蘭」とはすなわち「ハムバク花」のことだと言い、わたしはボタンの別称ではないかと応酬した。権威ある審判がいなかったので、双方とも相手の主張を真っ向から否定できぬまま、うやむやに終わってしまったのだが、じつはわたしはあまり自信がなかった。なぜなら、ボタンの原産地は中国なのだ。いくら、朝鮮でも古くから栽培されていたとはいえ、中国の花を国花にはしないだろう?

それでも、わたしがボタン説を主張したのには、それなりの論拠があった。誰であれ、何かを主張するときには、たとえ強引であっても必ず根拠があるものだ。まず、国語辞典にはモクレンのことを「木蘭」と称する旨、記されているのだが、北朝鮮の首領画(国家主席の肖像画。ここでは故金日成《キム・イルソン》前主席)に描かれた花は、けっしてモクレンではなかった。わたしはそれまで、オオバオオヤマレンゲの存在をよく知らなかったから、その絵をボタンと断定したのだ。実際、牡丹《ボタン》は富貴の象徴であるばかりか、平壌《ピョンヤン》には牡丹峰《モランボン》だってあるだろう? 今では、オオバオオヤマレンゲの花姿も知っているが、それでも首領画に添えられた花の絵はボタンだと信じている。オオバオオヤマレンゲは小ぶりだが、首領画の花はもっと大ぶりで優美な八重咲きだった。あるいはオオバオオヤマレンゲの改良種かもしれないが、どちらにせよ、この問題はさらなる確認作業が必要だ。

こうしてわたしの頭は、ボタン、「ハムバク花」、モクレン、「木蘭」、そしてボタンに似たシャクヤクがごちゃまぜになって収拾がつかなくなってしまった。そこで、今回、イ・ユミさんの『知っておくべき私

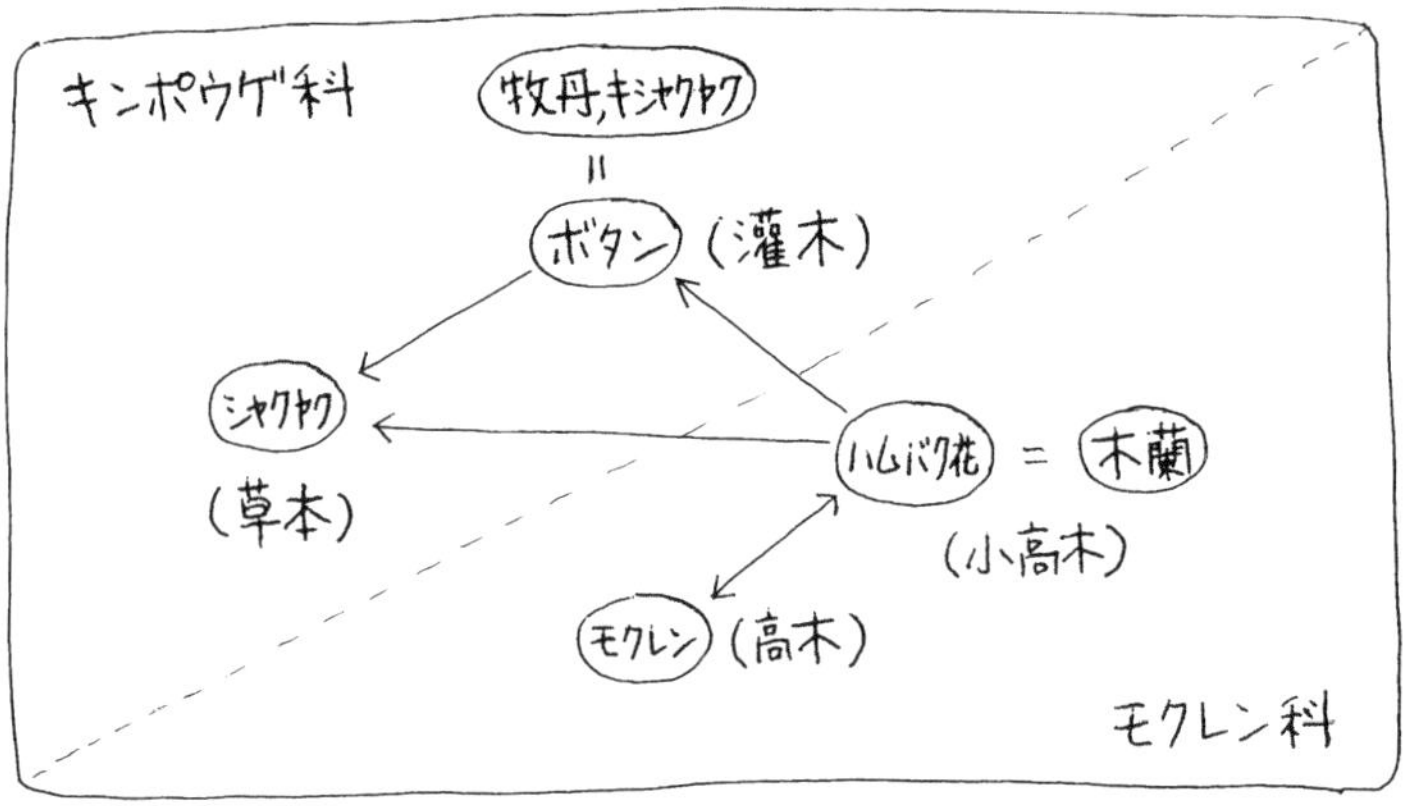

たちの樹、百種』を手がかりに、手元にある資料を片っ端からひっくり返して交通整理を試みた。その結果が、この図だ。

ややこしいだろう？　それだけ、これらの名前は複雑にからまり合って使われているということだ。まず、呼称から見てみよう。矢印で表したのだが、ボタンであれシャクヤクであれモクレンであれ、みな「ハムバク花」と呼ばれている。「ハムバク花の木（オオバオオヤマレンゲ）」といえば固有の木の名称だが、単に「ハムバク花」というときには、ボタンやシャクヤクのようにたっぷりとした気品あふれる花を総じて指すのだ。これは、韓国語の「ハムバク雪（ぼたん雪）」、「ハムバク笑い（大笑い）」、「ハムジバク（丸手桶）」などを思い浮かべれば、感覚的に納得がいく。四種とも「ハムバク花」と呼ばれるものの、反対にモクレンをボタンと称したり、オオバオオヤマレンゲをボタンと称することはない。ただし、モクレンとオオバオオヤマレンゲは、地方によって呼称が逆になっていることもあるようだ。

次に、植物分類上では、シャクヤクとボタンはキンポウゲ科、オオバオオヤマレンゲとモクレンはモクレン科に属しており、互いに種類が異なっていることがわかる。それを裏づけるかのように、モクレンとオオバオオヤマレンゲの花はひと重で、シャクヤクとボタンは八重咲きとなる。

さらに細かく調べてみると、シャクヤクは木ではなく草(草本)に分類される。昨今の田舎に行けば、漢方薬用に栽培されているシャクヤク畑をあちこちで見かけるはずだ。同じキンポウゲ科のシャクヤクが草であるのに対し、ボタンは灌木。ボタンはシャクヤクに似ているのでキシャクヤクとも称されている。漢字では「牧丹(牡丹)」となる。このボタンこそ、まだあどけない姫だった新羅の善徳《ソンドク》女王が、唐太宗から贈られた絵を見て「蝶も蜂もいないから、この花には香りがないのね」と言い放ったという、有名な花だ。

オオバオオヤマレンゲこそが、北朝鮮で国花に指定された「木蘭」だった。これは、灌木と高木の中間くらいの大きさで、小高木に分類されている。聞くところによれば、八〇年代初めに北朝鮮の金日成主席が森を散策していたところ、この花をひと目見て気に入り「木蘭」と名づけて、それまでの国花だったチンダルレを捨て、新たな国花と定める旨、宣言したという。実際には、一国の国花がほんの思いつきで決まるわけもなかろうが、オオバオオヤマレンゲは朝鮮を代表する花にふさわしい充分な性質を備えている、というのが専門家の見解だ。花は麗しく、ゆったりと大ぶりで、「白衣の民族」を象徴する白色をしている。さらに、同種のモクレンのようにあからさまに顔を上げて咲くのではなく、「はにかむ田舎娘のように、つつましくうつむき加減に」花開くため、謙遜の美徳を喚起させる。そして、何といっても朝鮮半島原産の花なのだ。九二年のバルセロナオリンピックでは、世界各国の木が集められた記念公園に、わが国を代表する樹木のひとつとして植えられたという。

ところで、モクレンは春を告げる花として庶民に愛されているから、おまえもよく知っているだろう? これにもやはり、朝鮮半島原産のものがあるそうだ。落葉性高木で、生長すると二十メートルにもなるらしい。

こうして、「木蘭」あるいは「ハムバク花」にまつわる論争は幕を閉じた。やっとすっきりしたよ。ここまで詳しく話したのは、おまえにも知っておいてもらいたかったからだ。

（1995・5・5）

ドラッグ部屋の少年たち

三週間も、雨の週末が続いている。一般社会の人にとっては恨めしいのだろうが、塀のなかの人間としてはじつにありがたい。平日に雨に降られると、運動にも出られず鬱々と過ごさなければならないのだ。今日も、朝からぐずり気味だった空が、昼になってとうとう降らせはじめた。雨となると、どうしてこうも感傷的になるのか、知らぬまに果てしのない空想世界をさまよっている。ただし、空想に浸るといっても、せいぜい一、二時間。一日じゅうできるものではない。おもむろに立ち上がって尻をはたき、窓を大きく開けて深呼吸だ。むぐぐっ！　たちどころに漂ってくるウンコの臭いに慌てて窓を閉め、座り直す（すぐ脇にフタのひび割れた浄化槽があるので、もとより「開かずの窓」なのだ）。締めきりの迫った通信講座のレポートのために、聖書と教材首っ引きで格闘をした。何問もあるわけではないのだが、やたらと時間がかかってしまう。

それから夕食をとり（ご飯、豚肉スープ、キムチ、もやし）、歯を磨いて夜の点呼をすませた。ここは少年囚の棟だけあって、点呼ともなると蜂の巣をつついたような騒ぎとなる。担当官が「点検！」と叫ぶと、出入り口側から順々に、管区主任が各部屋の前を歩いていくのだが、通り過ぎるとき、その部屋の少年たちがひとりずつ番号を叫んでいく。彼らは、ストレス解消のチャンスとばかりにありったけの力を込めるのだが、数字などは聞こえてきたためしがなく、異様な雄たけびだけが波のように続くのだ。「いち、にいっ！」まではそれらしくもあるが、そのあとは、「さぁっ、うあっ、ああっ、あいっ、あうっ……」となって最後のやつが「番号終わり！」と叫ぶ。ひと部屋に十名から十五名ずつ、十一の部屋から続けざまにこんな奇声が上がるのだから、壮絶きわまりない。主任によっては、あまりのうるささに叱りつけることもあるが、その効果とて一時的なもの。翌日になると、また同じことが繰り返される。妙なもので、集団のなかでこうした号令がけをしていると、われ知らず大声を張り上げたくなるものらしい。そこに、若さゆえのいたずらっ気も加わって、手のつけようがなくなるのだ。毎日、こんな点呼が三回も繰り返される。

わたしの部屋の上階の子たちは、夜ごとに何をしているのか、尋常でない騒がしさだ。夜の放送時間ともなると、頭上からドスンドスンという音が響きはじめるのだが、天井が破れはしないかと気が気でない。おそらく、部屋でレスリングかサッカーでもしているのだろう。わたしはとうとう堪忍袋の緒が切れて、担当官に頼んで部屋のボスを呼びつけ、説教をたれた。それが効を奏したのか、最近はかなり静かになった。聞くと、あの部屋は「ドラッグ」部屋なのでコントロールできないという。心の問題を抱えて入ってきた少年たちらしい。通りがかりにちらりと覗くと、まだ乳臭さの残る少年たちが、きらきらと目を輝かせてしゃがみ込んでいた。あんな子どもまで問答無用で逮捕して、それでなくとも狭い刑務所に詰め込む必要がどこにあるのだろう。融通の利かない監禁主義が、結局は針泥棒を牛泥棒に仕立てあげていくことに気づかぬわけでもなかろうに。この子たちの七、八〇パーセントが問題のある家庭環境で育っているという。家庭崩壊が広がるにつれ、青少年の犯罪は今後も増えていくに違いない。

（1995・5・28）

アサガオの瞑想

トイレの窓辺には、アサガオがひと株、いや、ふた株植えてある。カップラーメンの容器に納まっているのだが、ふた株が寄り添うようにからまり合い、伸び伸びと生長している。このアサガオは、隣室のキムさんが発芽させたものだ。育ててみろと手渡された当初には遠慮したものの、彼の善意を無視するわけにもいかず譲り受けた。いったん断ったわけは、安東《アンドン》にいた頃、大量のアサガオを「殺戮」した過去があるからだ。

二年前、花壇の片隅にアサガオ数株を植え育てたことがあった。それはぐんぐん生長して、豊かに種をつけたのだが、面倒なので秋になっても放っておいた。そのまま春になったから、さあ大変。春から夏にかけて、その一帯から休む間もなくアサガオが伸びてきて、抜いても抜いてもきりがない。かといって放っておけば、花壇がアサガオの蔓で滅茶苦茶になってしまうことは火を見るよりも明らかだ。いきおい、運動場に出るたびにアサガオを抜くのが日課となってしまった。見上げたことに、その渦中でも、執念深くも花開いて子孫を残していったのが五、六株はあった……。こんな悪縁を結んでまだ日の浅いわたしが、いくら殺風景な大邱《テグ》の刑務所暮らしとはいえ、そう簡単にアサガオを受け取れるわけもないだろう?

仕事ひと筋だったキムさんは、投獄されるまで、植物などの「生命」には目もくれなかった。しかし、囚われの身になってようやく発見したこれらの小さな神秘が、じつに不可思議で偉大に思えたという。アサガオを発芽させて、仲間たちみなに配ってくれた。こうしてみると、刑務所は悟りの場でもあるようだ。

ところで、同じ日に芽生えたアサガオでも、わたしのがいちばん速く、そして丈夫に育った。ほかの人のより二倍以上大きくて、葉も茂っている。もちろん、それなりに園芸経験を積んできた成果なのだろうが、より重要なのは花に対する思い入れだ。つまり、どれだけ誠意を込めて花に「念波」を送っているか。毎朝、起きるとすぐに水をやるのだが、土の状態とその日の天気によって量を調節している。水をやったあとには、アサガオを優しく撫でながら、元気に育てと励ますことを忘れない。案外、アサガオはわたしの「気」を吸って育っているのかもしれない。

発育の遅いほかの人のを見てみると、まず、水やりに問題がある(多すぎたり、不足していたり)。次に、生育にあまり関心を持っていない。確かに植物は、条件さえそろえば勝手に育ってゆくものだが、人の手が加わることでその発育が促進されることを知らずにいるらしい。

今日、つぼみが膨らんできたから、数日後には花を楽しめるはずだ。咲いたら、すぐにスケッチして送るとしよう。

(1995・6・7)

食べすぎたら、ついに

蚊の話

連日、三十度を超える蒸し暑さが続いている。おまえも、体調には気をつけてくれよ。

わたしは痩せ型だから暑さには強いほうだが、しつこい蚊にはまったく閉口している。ぐっすり寝入っているときに、夜食好きな蚊の狂想曲に起こされては、夜の夜中にハエたたきを握りしめて格闘するわたしの姿。これぞ、「月夜の体操」だ。ときには、ハエたたきを振りまわしている最中にふとわれに返り、自分の行動がばからしくなって、そそくさと寝に戻ることもある。窓の隙間には防虫網が張ってあるのに、いったいどこから忍び込んでくるのだろう。防虫網を張ったときには、「これだけ厳重な防備を潜り抜けてきたやつは、その努力に免じて見逃してやろう」と心に決めたほど、自信満々だったのだが。

おとといの夜だった。せっかく心地よい眠りを貪っているというのに、一匹の蚊があたりを旋回しながら騒ぎたてるのだ。あまりの眠さに、「ええい、ほっとけ！　吸うだけ吸ったら去ってゆくさ」と腹をくくり、持ってけ泥棒とばかりにじっとしていた。わたしが抵抗をみせないので、やつはちょこんと止まるとうまそうに血を吸って飛び去っていった。飛び去るときに見ると、腹のあたりが赤みを帯びていて、すっかり膨れあがっていた。これで心置きなく眠れると寝返りを打ったのだが、こともあろうに、やつがまた、途中で引き返してきたのだ。そこでわたしは、「ふむ、こいつめ。さっきは偵察だったから、満足いくまで吸えなかったらしい」と考え、もう一度くれてやることにした。じっと息を殺していると、またもちょこんと止まって吸っていった。これだけやれば、充分だろう……。やつを見送ると、すぐにまどろみはじめた。

五分ほど経ったろうか。突然、どこかがチクリとしたので、また起きて目をこらすと、さっきのやつがいつの間にか舞い戻ってきて血を吸っているではないか。すぐさま追い払うと、なんということだ！　吸いすぎで腹がぱんぱんに膨れ、飛ぶのもままならないのだ。ふらふらと飛びゆくその姿を見た瞬間、急に眠気が吹っ飛んで怒りが込みあげてきた。すっくと立ちあがると、枕元のハエたたきを手にとってやつが壁に止まるのを待ち、手加減なしに襲いかかった。「すさまじい流血」という表現は、こういうときに使うのだろう。白い壁に、小指の先ほどの血痕が鮮明に残っていた。それにしても、愚かなやつめ。ほどほどに吸っておとなしく去っていれば、こんなことにはならなかったろうに。つい食べ過ぎたがために、みじめな結末を迎えてしまった。この例ひとつとっても、過食が健康によくないことがわかるだろう。おまえも覚えておきなさい。過食は死への近道だと！

（1995・7・17）

塀の下でのジョギング

もしかすると今日は、これまでの懲役生活で、いちばん長く走った日かもしれない。昨日、ドンファとバスケットボールをしていて、左手を突き指してしまったのだ。仕方なく、今日はジョギングをすることにして、一時間近く、休みもせずに走り続けた。わたしにとって、この距離はマラソンにも等しい。にもかかわらず、疲れもせずに調子よく走りきれた。ここでは、ほとんどジョギングなどしていなかったのだが。

どこで走るのかというと、この絵のように、塀のすぐ下を行ったり来たり、ひたすら繰り返すのだ。一辺が相当長いから、格好のジョギングコースだ。そのうえ監視台からは、銃を手にした警備員が、さぼらずにしっかり走っているか目を光らせているのだから、脇道にそれることもできない。

ジョギングはきわめて単純な運動なので、ふつうは数十分も走ればじきに飽きてしまう。そのくせ、今日はどうしたわけか、運動時間が終わるまで休まず走ってやろうという闘志が湧いてきた。そこで、気分転換を兼ねて空想を始めた。いずれ塀の外に出たら、どんな暮らしをしようかとね。

まず、田舎に農場を造って土の家を建てる。かまどはこんな具合に置き、便所はこうして、畑にはあれ

を植え、夜には家で創作活動をして……。つかみどころのない空想ではなく、細かな過程一つひとつを思い浮かべながら走ったせいか、疲れなどみじんも感じず、驚くほどの距離を走り抜くことができた。まるで、サイバー・ビジュアル・マシーンでも装着してジョギングしたかのようだ。こうしてみると、肉体の疲労というのは精神状態に大きく左右されるらしい。手紙を書きつつ振り返ってみると、ジョギングというより、あたかも仮想空間をしばしさまよってきたかのような錯覚に陥る。部屋で静かに空想するのとは明らかに違っていた。指が治るまで、当分のあいだジョギングを続けるつもりだ。

ようやく走り終えたので、呼吸を整えようと腰を伸ばして空を仰ぎ見た。塀向こうのポプラ越しにね。ああ、ソナ！眼前に広がる、あのきらびやかな色彩のコントラストを、どう表現すればいいのだろう。白い塀とほんのり黄葉しかかった黄緑色のポプラ、そして、今にも魂を吸い取られそうな深みを湛え、白い塀と黄緑の木を背後から支えているコバルト色の空。このすばらしい色彩のコントラストこそ、晩秋のひんやりした空気と強烈な陽光のもとでなければけっして引き出せない、大自然の芸術だ。どこまでそれを表現できるかわからないが、とりあえずスケッチしておこう。呼吸を整えようと空を見上げたのに、かえって息を呑んでしまった。

今日、しでかした失敗談をひとつ。運動時間が終わって戻るとき、春先に運動場の片隅に植えておいたコンフリーの葉を二枚摘んできた。コンフリーの葉の汁は、筋肉や筋をほぐす効果があるのだ。部屋に戻って茶碗に入れ、せっせと潰して汁を取った。潰した葉と汁をそっとすくって怪我をした指の上に乗せ、ビニールで巻く。はずれないように糸をぐるぐる巻きつけて、コンフリーの汁の奇跡的な効力に期待しつつ、『パウロの信仰告白』(C・M・マルティーニ著)という本を読みはじめた。一時間ほど経ったろうか? 何かをつかもうと手を広げたのだが、自由なはずの中指が曲がらない。おかしいと思ってよくよく見ると、まったく、ばかなことをしたものだ。怪我をした薬指はほったらかしにして、ピンピンしている中指を治療していたのだ。苦笑いしながら、いったん解いて薬指に巻き直した。こうしてみると、ときおり病院でこの手の事故が起きるのも理解できる。ちょうど昨日も、「コリア・ヘラルド」紙のアン・ランダーズのコラムに同じような話が掲載されていた。足の手術を控えた患者が医師の失敗を心配するあまり、麻酔を打つ直前に、元気なほうの足にマジックで「メスを入れないでください。こちらは病んだ足ではありません!」と書いたというのだ。アン・ランダーズは、ご丁寧にも、これから手術を受けるときはこの方法を試すようにと勧めていた。笑えないジョークだ。

(1995・11・4)

タマネギ入りの卵焼き

すっかり冬らしくなった。昨日、ここで初めての氷を見たよ。朝、毛布を干しに行ったら、水たまりがガチガチに凍っていたのだ。これでこそ、冬だ。いっぽう、わたしの部屋では今、タマネギを育てている真っ最中。まるで温室だ。味噌でもつけて食べろと出されたタマネギを、水に浸けておいて発芽させたのだ。水だけでもよく伸びるもので、あっという間に葉が次々と出てきた。タマネギの球根には、栄養分がたっぷり詰まっているようだ。茎がぐんぐん伸びるにつれ、球根がしわくちゃになっていくのを見ていたら、親と子の関係を連想した。

もうすぐ、おふくろの七十歳の誕生日。プレゼントはもう用意したか？　タマネギを見ていて浮かんだ詩を書いておくから、誕生日におふくろへ読み聞かせてほしい。ただし、これを詩と呼べるのかどうか……。

今年はタマネギが豊作だと
毎日のように出されるタマネギ
生で食べ　和えて食べ　漬けて食べ

食べても食べても　飽きがこない
タマネギはじつにすばらしき食べ物

幼い頃　おふくろが作る　おかずのなかで
いちばんおいしかったのも　まさにこれ
タマネギの薄切りを入れた　玉子焼き
噛むときの　あの香ばしさは
タマネギのなかから　生まれてきたのか
タマネギを切る　おふくろの手から　生まれてきたのか？

今でも　おふくろの手を見つめていると
ほのかに甘い　タマネギの香りが　漂ってくるようだ

子どもの頃、おふくろが作ってくれたタマネギ入りの玉子焼きがふいに思い出されて、ペンの走るまま書いてみた。少しは気持ちが伝わるだろうか。出所したら、家族の誕生日には必ずタマネギ入りの玉子焼きを作ってやろう。いまや、このわたしも玉子焼きの名手なのだ。
冷え込むが、風邪に気をつけて。家族みなによろしく伝えてくれ。

（1995・11・22）

がむしゃらに突っ走ればいい、というものではない。絵を描いていると、それが経験としてわかってくる。作業していてうまくいかなければ、ひと息入れるのがいちばんだ。ただし、腕は休めても、頭のなかではその絵を描き続けている。場合によっては、絵を描いていること自体を完全に忘れ、しばしほかのことに没頭したりもする。そのうちに、突如としてその絵がまた描きたくなるのだ。気がつくと、筆を握っている。絵は、驚くほどうまく描ける。しばらく休んでいたにもかかわらず、だ。以前にはなかったテクニックが自然と駆使できたり、どんなに工夫を凝らしても出せなかった色が、いつの間にか作り出せたりする。これは、囲碁の世界でもよくあることだ。わたしはこれを、「無為による学習」と呼んでいる。学習においても、無理はけっして得策ではないと悟ったのだ。

無為による学習

二年前に描きかけて、うまくいかずに放っておいた農家の土塀の絵があった。おととい、ふと思い立って続きを描いてみた。結果は、大満足。絵を描く腕は、こうやって上がってゆくものらしい。もちろん、ここ二か月のあいだ、更正作品展示会(美術活動をしている服役囚の作品展示会)に向けて筆を動かし続けたという事情はあったが、それくらいで実力がつくとは思えない。

振り返ってみると、実際には描いていなくても、観念のなかで、また手のなかではずっと描き続けていたようだ。事実、われながら満足できる作品を見てみると、それがけっして自分の意志だけで描かれたものではないことがわかる。わたしたちの人生は、自分ではコントロールできないある種の「無意識」によって支配されている部分があることを、絵を通じても確認できるのだ。だからわたしは、絵がうまく描けたとき、自分を褒めてやるよりも神に感謝するようになった。

「名作」というものは、無限の可能性のなかから偶然生み出された泡のようなものだ。名作は、意図的に描けるものではない。甑山《ジュンサン》教〔李朝末期に発生した、社会運動的性格を持つ宗教〕の言葉を借りれば、「天地度数」〔天地が変化してゆく節目、秩序。変動原理〕が一致してこそ名作が生まれるのだ。ときに、どうということのない絵が、見る者によって名作に仕立てあげられることもある。観衆から認められることが名作の基本条件なのだから、それもまた、紛れもない名作といえる。「天地度数」は、作家が絵を描く過程だけでなく、絵の流通と消費過程にもすべて適用されるのだ。


幸いにも、わたしの場合は、絵が天地の「気」に支えられて描かれるということを十七の歳で知ることができた。渓谷と原野が広がる、とある人里離れた場所で、あたかも武術界への進出を夢見る若き剣客が山中で孤独な修行に励むかのように、大地に独り立ち、無我の境地で絵を描いたときのことが忘れられない。修行、「道」に身体をゆだねれば、真の幸福を味わうことができるのだ。

（1996・7・26）

刺青

最近、新聞や雑誌で本の広告を見ているると、「身体」をテーマにした本が続々と出版されているのがわかる。性、またはセクシュアリティに関する本の氾濫も、これと無関係ではなかろう。その影響か、わたしの書架にも身体に関する本がかなり増えてきた。だいぶ前から、デカルト的心身二元論に疑問を感じ、自分なりに身体についての統一的な見解を打ち立てたいと考えていたところでもある。

ところで、身体に関する近年の理論に、こんな言葉がある。「身体は社会的行為の総和である」と。わたしは、この言葉のもつ意味を、複雑な哲学的推論によってではなく、しごく単純な「観察」と「対話」によって確かめることができた。少年囚の棟にいる関係上、彼らと過ごす時間が自然と多くなるのだが、身体を見れば、その経歴と犯罪歴がひと目でわかるのだ。この子たちの身体を別の人間と区別する、もっとも大きな特徴は、刺青《いれずみ》と変形した性器。このふたつは、まるでマオリ族の顔を彩る刺青のように、一種の帰属意識を植えつける身分証の役割を果たしている。シャワーを浴びながら盗み見ると、それぞれの子がありとあらゆる手術を施しているのがわかる。ブドウの房のように重たそうな性器をぶら下げている姿などは、おかしいのを通り過ぎて背筋が寒くなるほどだ。あるとき、ひときわ恐ろしい物体をぶら下げている少年に声をかけ、罪状を聞いてみた。幸いなことに、単純暴力だった。わたしは、彼に言って聞かせた。「本当に、暴力だったんだな？　性的暴力じゃないだろうな？　出所してからも、けっして強姦だけはするなよ。もし、そのブツでそんなことをした日には、殺人も同然だ。わかったな？」

察するに、彼らにとっての性器手術は、女性に対する支配心理、同世代の集団内部での優越心理を表現する手段なのだろう。刺青もまた、同じ理由から盛んに行われている。刑務所では、刺青防止のため、たびたび身体検査を実施しているが、とうてい根絶にはおよばない。

刺青の種類は、簡単なハート型から全身を取り巻く龍の絵まで、じつに多彩だ。文字も人気が高いが、いちばん多いのが日本語の「サイゴマデ」。「最後まで」戦うということなのか、それとも「最後まで」チンピラとして生き抜くつもりなのか……。ときに、顔に刺青を入れている者も見かけるが、なんと、額のまんなかに「法」という字を彫り込んだ者までいる。朝鮮時代の刑罰に、罪を犯したことを額に彫りつける「刺青刑」というのがあったが、それをみずからやってのけた人には初めて出会った。おそらく、罪を犯さずには生きてゆけないこの社会に対する抵抗表現なのだろう。

そして、何といっても、わたしがこれまで見てきたうちでもっともシリアスな（？）刺青は、「反戦反核」。安東《アンドン》でのことだが、金泉《キムチョン》刑務所から移監されてきたばかりの少年だった。彼は、八〇年代末に、用もなくデモ現場をうろつく、いわゆる「寄生虫」のひとりだった。デモではなく窃盗行為で投獄されたのだが、獄中闘争に燃える学生たちの勇姿に惚れ込んで、当時、盛んに叫ばれていたスローガンを自分の太ももに彫ってしまったというのだ。

おとなりの日本や西洋では、刺青は芸術とまで認められているようだが、韓国では依然、犯罪者の烙印程度にしか思われていない。わたしもまた、刺青については保守的な考えから抜け出せずにいる。神がおつくりになった身体に、みだりに落書きするなどもってのほか、という単純な考えからだ。

だが、アフリカ先住民の刺青を見て、その美しさに衝撃を受けたこともある。彼らの刺青は、すでに自然の一部と化しているからだろうか。

（1996・8・23）

ジョベンイ　死ぬほど苦労

わたしの暮らす棟のすぐとなりは、服役囚にレンガ積みの訓練をさせる工場だという。毎朝、ゴミ箱を空けに出ると、わたしはきまってその建物の前で足を止め、空を見上げて深呼吸する。壁のすぐ下には、いつも青々とした草の芽が顔を出しているのだが、それは塀の陰によく見られる雑草ではなく、ジョベンイ[アレチアザミ]だ。ジョベンイは、タケノコのように地中を巡りながら芽を出す多年生の草本だが、その生命力は驚くほど強靭だという。

むかし、安東《アンドン》で野草園を造っていた頃、社会見学のときにジョベンイをひと株取ってきて植えたのだが、予想以上に猛烈な勢いで繁殖した。毎朝、地中から新たに出た芽を数えるのが、当時の楽しみだったほどだ。すっかり生長すると、カラノアザミに似た紫色の花を咲かせるのだが、葉のへりがノコギリ状になっていて近寄りがたい。ただし、若芽なら和え物にして食べられる。

ところで、ここのジョベンイは、出るべき場所を間違えたがために、ただの一度も花開いたことがない。人の往来が激しく、清掃員の手でしょっちゅう引き抜かれているせいで、十五センチ以上伸びることは不可能なのだ。さんざん踏みつけられ引き抜かれても、しぶとく芽を出し続けるのを見ると、こいつらはこの人間にライバル意識を持っているのかもしれない。どちらが勝つか、見ていろと言わんばかりだ（芽を出し続けるのは自然の本能なのだろうが、生まれ出る場所を誤ったばかりに非常な苦労を余儀なくされていることは間違いない。塀のなかでは、こういう苦労をジョッベンイ〔ジョッ＝キンタマ、ベンイ＝小突きまわす〕すると言うが、ジョベンイは、発音までそっくりなのだ）。

今日、こいつを眺めていたら、服役仲間の置かれた状況を思わずにはいられなかった。いったん前科者のレッテルを貼られたら最後、生涯一度も花開くことなく、社会に出ては切り捨てられ、また切り捨てられを繰り返す姿など、まさにそっくりだ。だからといって、彼らがこの社会から完全に消えてしまうわけではない。闇の息子となって、地中でまた別の世界を築いていく。そして、条件さえそろえば、いつでも明るい世の中へと舞い戻ってくるのだ。

いつになったら気づくのだろう。踏みつければ踏みつけるほど、ジョベンイの葉はいっそう鋭さを増すことに。抜けば抜くほど、地中ではその子どもらが、地面を突き破る準備を着々と進めてゆくことに。

（1996・8・29）

観察力

ここのところ、山深い荘厳な滝の絵に取り組んでいる。ときに、筆の動くまま大胆に描きたくもなるが、そこは我慢だ。いまだ、習得できずにいる基本技術がたくさん残っている。全体はもちろん、細かなところまで自在に描写できる自信がつくまでは、主観的な感情移入はなるべく抑えるようにしているのだ。そうして絵を描いていると、知ったつもりでいたことに対し、目からうろこが落ちる思いをすることも少なくない。

観察力。絵描きにとって生命線とも言える、重要な能力だ。見る者に強烈な印象を与える絵であればあるほど、画家の優れた観察力が感じられるものだ。観察力は、訓練によって強化される。ただし、やみくもに対象を睨み続ければいい、というものではない。対象の各部分を互いに比較しながらじっくり見てこそ、観察力は高まるのだ。わたしたちは普段から、対象を長時間眺めるだけで、すっかり理解できたと思い込む傾向がある。ところが、いざ、それを見ずに説明（あるいは描写）しようとしたとたん、ぐっと詰まってしまった経験が少なからずあるはずだ。観察において、時間はさして重要ではない。観察力の卓越した人は、どんな短時間であれ、ひと目で対象の特徴とディテールを把握できるものだ。

おとといも、そんな経験をした。森を描いたのだが、草と木と地面が混在している部分をいちいち描き込むわけにもいかないので、中太の筆で適当にごまかしたのだ。もちろん、描きはじめる前に、対象（写真）をじっくり眺めたあとだった。見なくても描けるほどにね。しかし、適当に描くだけでは、どうしても元来の森の感じを出すことができなかった。そこで、細い筆に換えて細部描写を始めたのだ。草一本、木の枝一本、石ひとつ、それぞれをみな描き込んだ。

すると、どうしたことだろう！　あれほど時間をかけて、繰り返し眺めたはずの対象から、見えていなかったものが次々と出てくるのだ。見るには見ていたが、表面を眺めていたにすぎなかったのだ。草と土は見ていたが、草と草、草と土の影が重なり合うようすや、それぞれの色がどんな具合にコントラストをなしているか、そして草影の奥には何があるのか……。そんなものは、ひとつも見えていなかった。だから、どんなに細心の注意を払ってその姿を真似ようとしても、現実感は引き出せなかったのだ。その森は中景にあたるものだったから、結局は中太の筆で処理してしまったが、同じタッチで描いたにも関わらず、二度めに描いたほうがずっと現実感を引き出せたのは言うまでもない。真理に至る方式として、わたしが好んで使う「森の内外弁証法」（森の外、森のなか、森の外を交互に出入りしながら、森の実態を把握する方法）の力をここでも再確認することができた。

世のなかも、まったく同じだ。とくに、人間関係。噂であれ、自分の目で観察した結果であれ、外見上、どんなにそれらしい人に思えても、具体的なことがらについて苦労をともにしてみなければ、その人を知っているとは言えないのだ。たとえいっしょに暮らしていても、十年以上過ぎてから相手の新たな面を発見することすら、めずらしくはない。

いっぽう、草花を十年育てたとしても、こういうことはまずないだろう。わたしは、この差は両者の創造的能力の違いからくるものだと思っている。植物に創造的能力がないわけではないが、人間のそれは、神からの贈り物としか言いようのないほど抜きん出ている。そして、この能力の大部分は、観察力から生まれているのだ。

（1996・8・31）

人をありのまま愛すること

「幸せなことに彼らは、こうあるべきだという観念に縛られもせず、ありのままの事物を積極的に受け容れる能力を備えているようだ」

（『いにしえの未来～ラダックから学ぶ（*Ancient Futures Learning from Ladakh*）』ヘレナ・ノーバーグ・ホッジ著、緑色評論社）

こうした能力を備えたラダック人は、もしかすると、この世でいちばん平和的な人びとなのかもしれない。西洋人である著者の目撃談に、こんなシーンが登場する。

大勢が乗り合わせた貨物トラックに揺られて旅をしていたのだが、そのなかに、カルカッタから来たインドの学生がふたり含まれていた。窮屈そうに縮こまっている青年たちを見て、野菜袋の上に座っていた中年のラダック人が彼らに席を譲った。彼らは、とくに感謝するでもなくそこに座った。しばらく行くと、車が道端に止まって、休憩時間となった。すると、学生たちはラダック人に茶をいれるお湯を沸かせと指図した。まるで、自分の召使いででもあるかのように。それでもラダック人は、嫌な顔をするでもなく、不平ひとつこぼさずに、だまってその言葉に従った。もっと驚いたのは、周囲にいる年老いたラダック人たちが、誰ひとり口を挟まずに、平然と談笑を続けていたことだ。その場で怒っていたのは、西洋人である著者ひとりだったという。人をけっして批判せず、自分の物差しで他人を責め立てたりしないこの人びと。他人の行為をありのまま受け容れてしまう人びと。こんな人たちのあいだで、深刻なトラブルなど起こるはずもない。

それにひきかえ、わたしたちはどうだろうか。相手の行為が自分の基準に合っていなければ、あらゆる批判や悪口をためらいもなくぶつけ、場合によっては、その相手を追い詰めるために中傷・謀略も平気で行う。人によって、それぞれその人なりの対し方や習慣があるだろうに、どうしてそれを認めてあげられないのか。男性と女性、おとなと子ども、先輩と後輩……。この両者のあいだでは、バイオリズムが完全に異なっているにもかかわらず、わたしたちは自分の基準だけで相手を裁いてはばからない。

わたしもまた、幾多の夜をこうした我執と偏見のなかで苦しんだことか。「年下のくせに、なんて失礼な！」「あいつは、自分の立場しか考えていない！」「ふん、まったく傍若無人なやつめ！」

こういう不平不満によって、多くの時間をみずからが苦しみ、同時に周囲の雰囲気を重苦しくしてきた。道徳の教師でもあるまいに、若者の愚行をいちいち指摘するのもおかしなこと。かといって、見て見ぬふりをしようにも腹の虫がおさまらない。そうこうしているうち、当然の帰結として、他人を無視して独りきりになりたいと願うようになる。この状態に陥ったとき、これまでのわたしは、「大変だが、正面からぶつかっていこう」という姿勢で対処してきた。だが、ラダック人の対応方式のほうが、ずっと次元が高いと認めざるを得ない。「相手の行為ひとつで何をそんなにやきもきしているのか？　阿呆のように、海のように、ありのままを受け容れなさい！」まだまだ未熟ではあるが、わたしの悟りを一遍の詩に詠んでみた。

人をありのまま愛するとは
どれほど困難なことか
世のなかをありのまま眺めるとは
どれほど困難なことか
ようやくわかりかけてきた

平和とは　相手が自分の思いどおりになることを
願う気持ちを　捨て去ったとき
幸せとは　そうした心が慰められるとき
喜びとは　空っぽになったふたつの心が触れ合うとき

悲しいかな、平和だったラダック社会は、西洋人の流入と開放政策によってじわじわと崩壊しはじめているという。

「神よ、あの我慢ならない破壊行為をも、甘んじて受け容れねばならないのですか?」（1996・9・3）

5

草に生かされて

——大田刑務所にて

柿の葉、杜仲の葉、ヨモギの葉、決明子。
たった四種でも、その日の気分によって配
合を工夫すれば、冬のあいだじゅう、飽き
ることなく茶を堪能できる。

大田刑務所へ移監

早いもので、大田《テジョン》に移監されてきて、もう一か月になる。ちょうど十年めにして、スタート地点に戻ったわけだ。あのときは、初めての懲役生活で比較のしようもなかったが、ぐるりと一巡して戻ってみると、ここの規模には圧倒される。大邱《テグ》が夜店の屋台だとしたら、大田刑務所は平原に佇む修道院のようだ。もちろん、雰囲気は殺伐としているが。ソウルからも、面会に来やすくなった。なにより空気が澄んでいるし、広々とした庭で好きなだけ農業に精を出せるのが嬉しい。本音を言えば、大邱では農業ができないから、絵に没頭していたのだ。ここには、もともと服役囚の造った畑があったから、わたしも仲間に入れてもらった。わたしたちの棟は一般囚から完全に隔離された広い敷地に建てられていて、慣行農業〔環境に配慮しない従来の農法〕だろうが野草栽培だろうが、その気になりさえすればいくらでも手を広げられる。ところがどういうわけか、まだ気分が乗ってこない。農業より、まずは「旧住民」との関係づくりが先決のようだ。

ここの生活はとても閉鎖的で、一日じゅう、独りきりで自分に向かい合うことも多い。淋しさを紛らわ

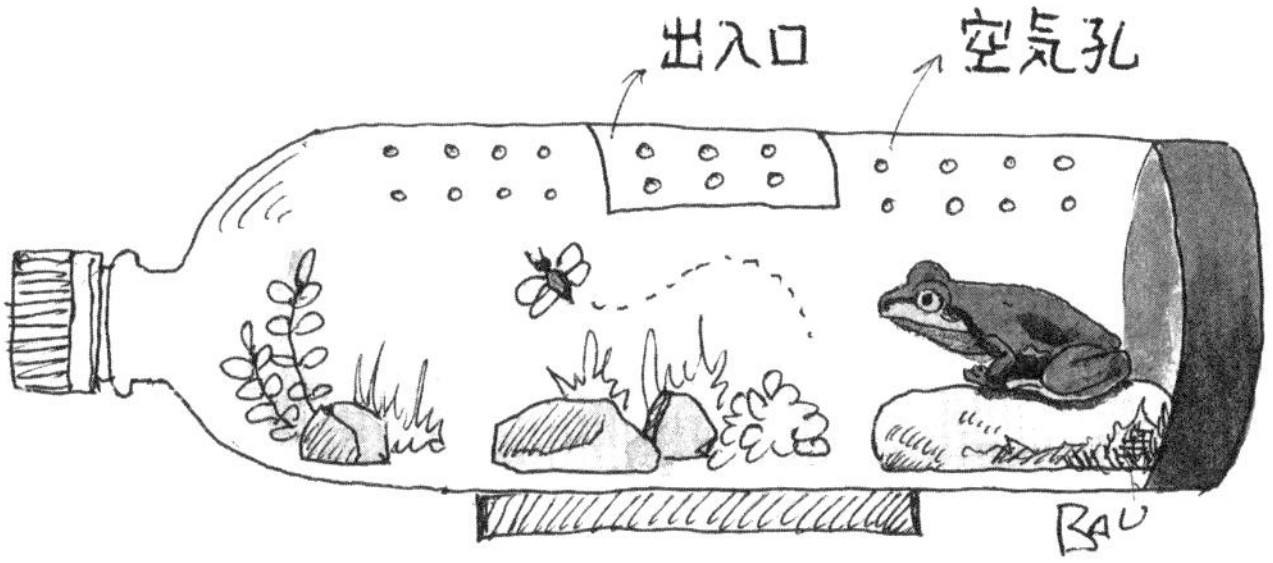

せようと、ニラ畑で出会ったアオガエルを一匹捕まえてきた。ペットボトルでこぢんまりしたおしゃれな家をこしらえて、同居を始めた。わたしは、アオガエルが大好きだ。手のなかにすっぽり納まるサイズといい、染みひとつない緑の服を身にまとった姿といい、じつに愛らしくてついつい見とれてしまう。

ところで、こいつの食に対するこだわりようときたら、尋常でない。こいつは、カマキリ同様、動くものでなければ目もくれないのだ。だから、日々、生きた獲物を捕まえては献上するのに並々ならぬ苦労を強いられている。この前などは、ようやくハエを生け捕りにして食わせてやろうとした瞬間、手に力が入りすぎてやつの目の前で腹を潰してしまった。それだけで、もう食わないのだ。まったく、神経質にも程がある。エサ集めが大変だし、罪もなく服役させるのもかわいそうだから、しばらくしたら放してやるつもりだ。

（1997・6・27）

「胃大」なるアオガエル

暑さが身にこたえる。午前中にビデオ鑑賞、午後に運動をしてシャワーを浴びたら、あっという間に日が暮れてしまった。外の社会であれば、一時間のあいだにも大勢の人に会ってあれこれと用事をこなすのだろうが、ここでは、定められたひとつのことに数時間、あるいは半日を費やす。それだけ、時間に追われることなく過ごしていると言えるだろう。

夕方になって戻ってみると、アオガエルのやつめ、腹が減ったと目をぎょろつかせている。かわいそうに、昨晩から何も口にしていないのだ。急いでビニール袋を握りしめ、廊下に出て食糧捕獲作戦を開始した。運よくも、数分のうちに上等な食糧が次々と手に入った。まずは、オオイエバエ。そうとう大きなやつだったが、あっさりとひと呑みだ。次に、大蚊。自分の胴体ほどもあるのを、大口を開けてパクリとくわえ込み、ふたつ折りの状態で丸ごとごくり。やつの口は、こちらの耳からあちらの耳まで豪快に裂けているのだから、これくらいは朝飯前だ。そして、やや小ぶりの蛾を一匹。これも、らくらく呑みこんだ。しばらくして、敷居の端でオニグモを発見したので、それもくれてやった。やつの頭ほどもある巨大さで、しかもさんざん食い尽くした後だったから、もう食べないかと思った。ところが、数分後にカタカタと音がするので慌てて見てみると、夢中でむしゃぶりついている。あまりに大きすぎて、くわえるのが精一杯。入らないのを無理やり呑み込もうとするものだから、もともと飛び出た目玉が転がり落ちるかと思ったよ。悪戦苦闘の末、なんとか喉を通過した。

じつに、「胃大」なカエルだ。指、二関節分ほどにしかならないアオガエルが、いっぺんにあれほどの量を捕食するとは驚きだ。それにしても、やつが獲物を捕らえる瞬間の、俊敏さと正確さはまさに芸術そのもの。かなり遠くの獲物でも、ジャンプと同時にみごとな舌さばきで動きを封じ込めてしまうあの技は、どうやって身につけたのだろう……。わたしには、神技としか思えない。舌で獲物を巻き取るようすは、あまりのスピードに肉眼でははっきり見えないほどだ。カメラで低速撮影でもしない限り、まともに観察することは不可能だろう。はじめは、一週間くらい観察して放してやるつもりだったが、やつの芸術を鑑賞するため、もうしばらく居てもらうことにした。

そうそう、こんな大事件があった。あれは、三日前のことだ。運動時間に、新鮮なエサを与えてやろうと家(ペットボトル)ごと持って外に出たのだが、真っ昼間だったせいか、食わせてやれるものはあまり見当たらない。ところが、ハチが数匹、シロツメクサの上に止まってせっせと蜜を吸っているのに気がついた。カエルの飼育経験がある隣室のイさんによれば、カエルはハチも食べるという。針は大丈夫かと尋ねたら、チクリとするその食感がたまらないのだとか。経験者の太鼓判つきだ。ほかに手頃なエサも見あたらないので、そのハチを一匹捕まえてペットボトルに入れてやった。一日半も食事抜きだったやつは、すかさず飛びついた。

ところが、ああ、なんたる悲劇！　舌を伸ばして口に運んだその瞬間、ハチのやつめ、針で刺したのだ。カエルの舌をね。痛いっ！　とすぐ吐き出したものの、すでに目は半開きで動きもふらついている。よほど衝撃だったのだろう。潰れた尻を引きずって這いまわっているハチを外に出してやり、代わりにハエと蚊を入れたのだが、見向きもしない。調子に乗ったハエがカエルの鼻面を歩きまわっても、何の反応も見せないのだ。ハチに刺されて、舌が麻痺してしまったのだろう。経験者の言葉を鵜呑みにして食えもしないものを与え、余計な苦しみを負わせたことが悔やまれる。人間ですら、ハチに刺されればおおごとなのに、あんなに小さなカエルが、それも柔らかな舌をやられたのだから……。二日ほど経って、やっと落ち着いたらしい。舌が元の感覚を取り戻したので、今日、あれほどの食いっぷりを見せたのだ。

しばらくは、わたしが信じられないのか、エサを入れてやっても食べようとしなかった。正確には、わたしの前では手をつけないのだが、朝、起きてみると消えている。わたしが見ていないうちに食べたのだ。今では、うまいものをあれこれ与えた甲斐あって、パクリパクリと素直に食べてくれるようになった。この部屋に蚊が迷い込んできたら、叩き殺さず生きたまま捕獲して、やつに貢いでいる。なかなか手間のかかる仕事だ。

（1997・7・3）

チカラシバ　秋の野の王子

秋夕《チュソク》を迎える日曜日、朝のシャワーに向かう途中で、芝生の隅でみごとに花開いているチカラシバの一群を発見した。おまえにも見せたくて、一本折ってきたところだ。

イネ科植物は、秋になるまでこれといった特徴もなく、細長い葉をやたらと茂らせ風に揺られているのだが、時が来るといっせいに開花して壮観な景色を演出する。これぞ、秋の支配者と呼ぶにふさわしい。そのうちのひとつ、チカラシバは、エノコログサを二倍に引き伸ばして濃いめの色で染めたような草姿をしている。秋の原野にすっくと立ったその草は、ワイルドさと同時に高貴な王子の風貌を備えており、一度目にすると、ついつい見入ってしまう。

秋夕だからといって何も変わらないのだが、それでもどこか気分の浮き立つのを感じる。この連休を利用して溜まった用事をすませていると、外に出られなくとも退屈さは感じない。昨日は曇り空で月がよく見えなかったが、今日は拝めるだろうか。この前、医者に診てもらった歯は、まだ治療途中だが、さしあたってプラスチックの詰めものがしてある。少々不便だが、秋夕の食事くらいは楽しめる。刑務所なのだから、たいしたものは出てこないが、それでも祝いの日には精一杯の特別食に舌鼓を打つのだ。季節ごとに、前庭の草や野菜で水キムチを漬けているが、このところ、サツマイモの芽の水キムチをよく作る。シャキシャキとした食感が、じつに爽やかだ。ほかのことはさておき、水キムチの腕前なら、外の社会でも充分通用するはずだ。

当然のように上げ膳据え膳で食事をしていた頃には思いもおよばなかったのだが、自分の手で作物を育て、料理し、食してみると、今さらながら食べるという行為の一つひとつは、途方もない大事業なのだと思い知らされる。五、六か月にわたり丹精込めて育てた作物を、ようやく収穫しておいしく調理したとしても——とくに、サツマイモの場合は皮をむくだけでもかなり手間がかかる——、いざ食べるとなると、たった十分で終わってしまう。その十分間の味覚を満足させるために、これほど長い時間と努力が必要とされるのだ。台所と小さな畑での労働に生涯を捧げてきた、母親たち。その労苦と犠牲とが、男性中心主義をより強化させるためだけに役立ってきたのだとしたら、これほどの悲劇はない。唇を噛みしめ耐え抜いてきた女たちの悟りの深さを、その夫は知る由もないのだ。水仕事をすべて押しつけていることに恐縮するどころか、それを賎しい仕事と蔑む風潮が依然、強く残っているのだから。とくに、秋夕や正月など、年中行事での女たちの苦労は、家族の笑い声に反比例して膨れ上がる。わたしが家庭に戻ったら、こういうところから直していこうと固く心に決めた。ただ、これは長い歳月をかけて染みついた習慣だから、簡単に打ち崩せるほど甘くはないだろう。

秋夕の午後、一家そろって笑い語らう姿を思い描いていたはずが、いつのまにか家庭改革（?）の話に飛躍してしまったようだ。おまえにとっても、楽しい秋夕となることを祈っている。

来年には、本当に、家族いっしょの秋夕を迎えられるよう願ってやまない。

（1997・9・16）

杜柿蓬茶

このペンを、覚えているだろうか？　去年、おまえが送ってくれたものだ。ずっと姿をくらましていたのが、今日になって出てきた。遅めの午後、温かい茶の入ったコップをもてあそびながら、この手紙をしたためている。

安東《アンドン》にいた頃にも、わたしがオリジナル開発した野草茶について話したことがあったが、ここ、大田《テジョン》刑務所ではさらにレベルアップした。地面から採取したものだけでなく、木から採れたものもブレンドしたのだ。今、飲んでいるのは「杜柿蓬茶《トゥガムスク》」。その名のとおり、杜仲《とちゅう》の葉と柿の葉、ヨモギを日陰干しして粉にしたあと、まんべんなく混ぜて作った茶だ。三種の成分が絶妙に溶け合って生み出される風味の奥深さは、一種類を煮出したものとは比べ物にならない。

茶を煮出す袋を作るため、やむを得ず、まだ充分着られるランニングシャツ（刑務所の支給品）を一枚、犠牲にした。この冬を越すための茶は、たっぷり準備してある。茶だけでなく、干し野草にして食べようと、オオバコやスベリヒユもたくさん収穫してパサパサに乾かしておいたし、カボチャもいくつか切り刻んで干してある。茶は、杜柿蓬茶のほか、決明子《けつめいし》〔マメ科植物エビスグサの種子〕もどっさり用意した。春に種をもらい受けて塀の下に植えた決明子は、ものすごい勢いで生長して、収穫した実だけでもカゴいっぱいになった。ほのかに小豆の味がして、香ばしい。柿の木はこの棟にはないが、病棟の庭にあるのを少しもらってきた。杜仲の葉は、シャワーに行くたびに炊事場の庭にある木から採ってきた。杜仲は、けっしてありふれた木ではないが、なぜか大田刑務所ではあちこちでみられる。ヨモギは、春から秋にかけてせっせと摘んでは干したのがあり、ときに、生汁を絞って飲むこともある。柿の葉、杜仲の葉、ヨモギの葉、決明子。たった四種でも、その日の気分によって配合を工夫すれば、冬のあいだじゅう、飽きることなく茶を堪能できる。

わたしが怠惰なのか、あるいは生まれ持った感性なのか、完璧なまでに清潔で人工的なものはあまり好まない。農業も、しかり。はじめから自然農を志していたわけではないが、知らぬ間にそちらの方向へ進んでいた。この棟の農事責任者は、カン・フィチョルさん。わたしがここに来る前から、立派な畑ができていた。ただ、残念なことに、ここで農業を始めてからもう何年にもなるというが、わたしとは農業のスタイルが折り合わないのだ。カンさんは徹底した野菜主義。つまり、ひと株の野菜を作るためにほかのものはすべて犠牲にする農法をとっている。もちろん、食べるのも野菜ばかりだ。いっぽう、わたしにとっての野菜は、食せる野草のうちの一部にすぎない。畑や庭に生えてくるさまざまな野草を気の向くままに摘んでは食べ、そのついでに野菜にも手を伸ばす、といった具合だ。だから、畑に生え出たナズナやニガナ、ヒユなどはそのまま残しておきたい。ところが、いつの間にかカンさんが引き抜いてしまうのだ。安東時代、イさんとのあいだで生じた摩擦が、ここでもまた繰り返されているわけだ。いつしかわたしは、野菜だけを育てるための手入れや施肥といった「生真面目な」作業から距離を置くようになり、それがカンさんの不満となっている。とりあえず、ここではなるべく彼の農法に従っておき、わたしは別のところで自分の食べる分を確保することにした。

いずれ出所したら、わたしは農業（作物を売るためでなく、自給自足用としての）を、こんなふうに展開するつもりだ。空き地を数百坪用意して（野山が含まれていれば、なお結構）、春から秋にかけ、野菜や食用野草の種をランダムに蒔き続ける。もちろん、たいていの野草は、種など蒔かずとも勝手に出てくるだろうが、特別の保護が必要なものもある。たとえば、特定の草が繁殖してほかの草の生長を妨げるようであれば取り除いてやらないといけないし、オオバコの場合、日向で育ったものは繊維が固くなりすぎるので日陰で育てなければならない。また、若芽だけを食するものは、こまめに種を蒔き続ける必要があるなど、それなりの「管理」が必要なのだ。この畑での野菜は、単に、草の一種であるにすぎない。こういう自然農法であれば、新鮮で多様な野菜を年がら年じゅう収穫し続けることができる。それも、最小限の努力で。これほど優れた農法には見向きもせず、苦労して特定の味気ない野菜を排他的に育てる必要が、どこにあるのだろう。わたしには理解できない。彼らにしてみれば、わたしのほうがおかしな人間なのだろうが……。

庭園にしても、同じことだ。芝生をきれいに刈り込んで幾何学的な図形を浮かび上がらせるだとか、木を剪定して何かの形にするだとか、そういうものは願い下げだ。草であろうが木であろうが、人間とともに生きてゆくなかで、周囲に迷惑がおよぶほど肥大化したり均衡が崩れたとき以外には、人為的な手を加えるべきではない、というのがわたしの持論。東洋三か国のうち、こうした自然美をもっとも大切にしているのが韓国の庭造り美学であることは、わたしにとって大きな慰めとなっている。

（１９９７・10・13）

秋の運動会

今日、刑務所最大の行事が行われた。秋の運動会。

もともとは、春、秋の二回行われていたのだが、文民政府〔一九九三年、金泳三《キム・ヨンサム》大統領就任〕となってから、手間や費用がかかるといって年一度にされてしまった。政権が変わってから、減らされたり取りやめになった行事は、こればかりではない。政治犯の場合、社会見学も春、秋の二回から一回に減らされて、家族面会もなくなってしまった。塀の外の事情は知らないが、刑務所内は、この五年で確実に待遇が悪くなった。

それはさておき、大田《テジョン》刑務所での運動会は初めてだったが、ここの人が準備にかける情熱には圧倒された。プログラム自体は、どこの刑務所も似たり寄ったりだが、ここでは特別、文化行事——スポーツ競技の前に行われる仮装行列など——が盛んだ。外国人服役囚もたくさんいて、それぞれに工夫を凝らしたきわどい服装を身にまとい、陽気に腰を振ってみせる。ナイジェリア出身の黒人受刑者は、朝鮮時代の捕盗大将〔警察業務を担う官庁の長〕になりすまし、威張り顔で練り歩いた。その滑稽なことといったら。いずれ故郷に戻ったら、こうして虚勢を張るに違いないと、見ているわたしたちは笑い合った。自分の前科はおくびにも出さず、韓国で盗人の根性を叩き直してきてやったのだと大言壮語する姿が目に浮かぶようだ。

今日の出し物のうちで、いちばんおかしく、しかも痛々しかったのは、印刷工場チームの「ウサギとカメ」だった。とにかく、カメ役の大変さがひしひしと伝わってきて、とても見ていられなかった。なにしろ、背中に平べったい甲羅を背負い、吸水性のまったくない黒い寝袋に全身包まれたまま、一時間ものあいだ運動場を這いまわるのだ。それも、日照り続きで砂ぼこりがもうもうと立ち込めるなかを。想像を絶する苦行だったに違いない。出番を終え、応援席の後ろで休むカメを見たのだが、衣装を脱いだその人は、驚いたことにかなりの年配だった。体じゅう汗だくだ。せっかくの運動会だというのに、地面を見つめて這いまわるばかりで、ろくろく見物もできなかったはずだ。午後になってまたカメが出てきたのだが、若者に交替したと聞いて少し安心した。

むかしは、年に二回、運動会の準備をして本番を迎えるうちに、一年が過ぎていったものだ。刑務所内の工場単位で点数を競い、賞を与えられるのだが、その競争は熾烈そのもの。新入りが来たとなると、各工場の班長は、とにかく優秀な運動選手を引き抜こうと血眼になる。運動会が近づくと、やれ練習だ、やれ予選だといって工場の作業にもおおいに支障をきたす。運動会が一度に減らされた背景には、服役囚の労働力を積極的に活用しようという政府のもくろみがあったようだ。実際、運動会が減って以降、服役囚の労働強度は高まってきたし、刑務所の近くに民間企業の工場を建てて服役囚を通勤させる事業も始まった。

これらはみな、ここ数年のあいだに起きた現象だ。おそらく、多くの労働力を基盤とする労働集約的な産業が、中国などの躍進によって韓国国内では採算が取れなくなってきたためだろう。その突破口として、工場を海外に移したり、賃金レベルが海外の労働力に匹敵するほど安価な服役囚を積極的に活用しはじめた、というのが真相のようだ。中国が、囚人を使った低賃金労働で国際社会から非難を浴びているというのに、韓国も同様の批判を受けるのではと気が気でない。現に、ここで作られたものの多くが輸出されるという。

こうした経済論理によって、社会全体の締めつけがますます厳しくなり、古き良き文化的生活が徐々に失われつつあるようだ。代わりに、物質だけが豊かになって、食べ物、着る物の豪華さで文化的喪失感を補っている。この現象は、じつにはっきり表れている。肩で風を切って刑務所内を闊歩する人びと（おもに、工場の班長や幹部）の服装やアクセサリーを見れば、一目瞭然だ。しかし、これを発展と呼べるのだろうか？　確かに、発展には違いない。むかしに比べ二倍も忙しくなり、頭を埋め尽くすストレスも倍になり、自分が何のために生きているのか見つめ直す余裕すらなくなってしまった、その現実を無条件に受け容れるというのであれば。

経済のグローバル化が叫ばれて以来、刑務所内でも確実に競争が激化して息苦しくなった。資本主義は、グローバル化の実現にはいちばん手っ取り早い制度だが、きわめて非人間的な側面がある。それでなくとも非人間的で、官僚主義の権化のような刑務所が、グローバル化のスローガンを掲げたらどうなると思う？　運動会の廃止は、その氷山の一角にすぎないのだ。

（1997・10・17）

ハトの親心

乾いた冬の空から、ようやく恵みの雨が降ってくれた。しっとり湿った大地に支えられ、息を吹き返した草たちはひときわ輝いて見える。深い霧が立ち込めて、ひと足早く春が訪れたかのようだ。エルニーニョ現象の影響で今年は暖冬といわれているが、この調子では来年の農作業に差し支えるのではと気を揉んでいる。とはいえ、塀のなかの人間にとって、この暖かさは心底ありがたい。

昨日、運動場で身体をほぐしていたら、野良ネコに出会った。塀の下の草むらに潜んでいるのを見つけたのだ。試しに抱き上げてみようと近づいたところ、すばやく走り出してしまい、とても捕まえられなかった。真っ黒な身体につやつやかな毛、きらりと光る黄色い瞳がなんとも魅惑的なネコだった。夜ごと、庭に現れてはニャオーンと鳴きながらうろついているのだが、こんなに間近で見たのは初めてだ。この棟のはずれに行けば、ハトの羽が散乱しているのだが、みな、こいつの仕業だ。残骸からして、五、六羽にはなりそうだが、跡形もなく食べ尽くされていて、骨のかけらひとつ見当たらなかった。どこか、別の場所に埋めてあるのかもしれないが。

この棟をすみかとしているハトは、非常に多い。あまりに多すぎて、うるさいくらいだ。たいていは、建物の換気筒に巣を作って暮らしているが、しょっちゅう落伍者が出ている。まだ飛ぶこともできない子バトが落下したり、卵が転がり落ちてきたりするのだ。なかには、すっかり成長したものの、ろくろく飛べぬうちに地べたに降りてしまい、ひたすら歩きまわっているやつもいる。こうした落伍者は、ネコにとって格好の獲物。つくづく、神は公平なのだ。ハトが飽和状態になると、落伍者をつくってネコの食糧として与えるのだから。そればかりか地上のネコは、ハトが気を抜かぬよう、緊張感を与え続ける役割も担っている。

はじめは、ハトの子がしょっちゅう巣から落ち、そのまま見捨てられるのを見て、ハトは子に対する愛情が薄いのだと短絡的に考えていた。たとえば、巣から落ちたスズメの子を人間が拾い上げようとすると、母スズメが仲間を引き連れて周囲を取り囲み、チュンチュンと鳴きたてる。ところが、ハトはただ遠くから眺めているだけなのだ。しかし、一歩踏み込んでみると、ハトとスズメは危機に直面したときの対処法が違うのであって、ハトが薄情なわけではないことがわかる。

ハトは、慌てて騒ぎたてるかわりに、非常に粘り強く、かつ思慮深く子どもを見守り続ける。子バトは、たとえ身体が完全に成熟して独りで飛べるようになったとしても、ある時期が来るまでは、自分の口で物を食べることができないのだ。だから、母バトがいちいち食べさせてやる。母の保護を受ける期間がほかの鳥よりも長いので、当然、子に対する愛情も厚くなる。あるとき、わたしの部屋の換気筒にすみついたハトが朝に夕にとうるさく鳴きたてるので、落ち着いて勉強もできず、換気筒を外側からコーラ瓶で塞いでしまった。そうすれば、ほかに巣を移すと思ったのだ。ところが、このハトは一瞬たりとも離れようとせず、塞がれた換気筒の周辺をひたすら飛びまわっている。何日か過ぎて、どうもようすが変なので再びコーラの瓶を取り出してみると、なんと、子バトが入っていたのだ。逃がしてやってから、また穴を塞いでおいた。

子に対する愛情がこれほど深いにもかかわらず落伍者が多いのは、個々の親バトの無関心や注意不足というよりは、ハトの群れ全体が環境に適応し、適正な個体数を維持しようという、自然の営みなのではないだろうか。進化論で言うところの、自然淘汰。これが、ネコの食物連鎖と重なり合うのだ。では、ネコが増えすぎたらどうなるのか？　われら服役囚が捕まえて食えばいい。こうして、自然界の食物連鎖は、次から次へと進んでゆくのだ。昨日、わたしがネコを捕え損ねたのを見て、隣室のイさんはとても残念がっていたよ。最近、腰痛がひどいから、ネコ一匹でも食いたかったとぶつくさ言いながら。

今日の明け方、前庭から「ニャオン」という声が聞こえてきた。昨日のやつかと思い、起き出して見てみたら、昨日のは子ネコだったらしい。あいつよりずっと大きくて真っ黒な母ネコといっしょに、仲良く並んで歩いていた。黒ネコの母子が去りゆくのを見守りながら、わたしは独りつぶやいた。「おい、どうか死なずに長生きしてくれよ。少なくとも、この塀が崩れ落ちる、その日までは！」

おやじの健康状態が気にかかる。少しは身体を動かしたほうがいいと思うのだが。それにしても、うちはいつまで、空気のうす汚れた長安《チャンアン》洞で暮らさなければならないのだろう。いつか両親を連れて、家族みなで田舎暮らしができる日を夢見ている。

（1997・11・16）

十全大補ジャム

「うまい！」

これほどおいしいおやつは、おまえも食べたことがないはずだ。日曜の昼下がり、口寂しい時間。ビスケットの上にジャムをひとさじのせて、ゆっくりと味わう至福のときだ。これまで、しゃれた菓子などひとつもなかった売店で「焼きじゃが」というビスケットを売りはじめた。軽い食感に口溶けもよく、これがなかなかいけるのだ。ところが、しばらくして販売中止。もう少し、買っておくべきだった。ところでこれは、ビスケットだけで食べても充分美味だが、そこにのせるジャムに秘密がある。これは、そこいらのジャムとは違うのだ。

名づけて、「十全大補《じゅうぜんだいほ》ジャム」。漢方薬の名前を拝借した。これはなんと、十数種類以上もの材料を、とことん煮込んで作ったものだ。ここのところ、エルニーニョだかの影響で暖かな日が続いており、冬というのに地面が湿って柔らかい。そこで先週、シャベルを使ってタンポポの根を掘り出した。冬なので、その根はまるまる太っていて、丈も長い。なかには、親指ほどの太さがあって、腕より長いものまであった。こうして、タンポポの根をかごいっぱい収穫したら、いっしょにナズナ、キキョウ、ホウレンソウの根もついてきた。はじめは、これで根の味噌汁にしようと思ったが、量が量なので、手元にあるものをすべて加えてぐつぐつ煮込み、ジャムを作ることにした。サツマイモ、カボチャ、ニンニク、リンゴ、朝鮮人参の粉（仲間が、薬として飲むために買い込んだカプセルを少し分けてもらった）など、十種の素材を入れ、五日にわたってとろとろ煮込み、この世にまたとないジャムを作りあげたのだ。完成に至る道のりは、苦難の連続だった。みなの顔色をうかがいつつ、ストーブの空いた隙を見て、つきっきりでしゃもじをかきまわし続けたのだ。

こうして生まれたジャムは、棟の仲間たちに滋養強壮の薬として配って回った。わたしは、この棟の料理担当なのだ。いつの間にか、そうなっていた。とはいえ、刑務所料理ほど簡単なものはない。残りもののおかずや汁物を混ぜ合わせて煮れば、それでおしまいなのだから。これに飯を入れて煮立てればクッパになるし、水をたくさん加えればスープになり、具を増やせばチョンゴル、カップラーメンを加えればチョンゴル麺のできあがりだ。

ソナ、いずれ出所したら、刑務所料理を売り物にした食堂を開こうかと思っている。いいアイデアだと思わないか？　まずは、ムショ経験のある人が懐かしがって来るだろうし、一般の人たちは好奇心から集まってくるに違いない。そのときには、おまえに最初の味見をしてほしい。

（1997・12・28）

〈了〉

講演録

根をはって

二〇〇一年十二月八日、大邱カトリック勤労者会館にて

初めまして。黄大権《ファン・デグォン》です。

今日の講演のタイトルは、「根をはって」。じつにうまいタイトルだと思います。講演依頼されたとき、どんなテーマで講演すべきか明確に回答できませんでした。そこで、主催者に演題を一任したところ、このタイトルを提案してくれたのです。わたしが一般社会に復帰して新たに根をはろうとしている人間なので、その意味も込めてくださったのでしょう。このタイトルを与えられて、ようやくどんな話をすべきかが見えてきました。

本題に入る前に、簡単な自己紹介をさせていただきます。わたしは、もともと農学部を卒業したのですが、維新時代〔朴正熙《パク・チョンヒ》政権後半期、「維新憲法」のもと独裁体制が強化された〕の社会状況下で維新撤廃運動や反政府闘争をしているうちに政治問題に関心を持つようになり、全斗煥《チョン・ドゥファン》のクーデター後、政治学を学ぶためにアメリカへ留学しました。そこで、おもに第三世界政治学、第三世界革命論などを勉強してい

たところ、一九八五年、つまり全斗煥時代ですね、安企部（公安機関である国家安全企画部の略称。現在の韓国国家情報院）によって捏造《ねつぞう》された、いわゆる「海外留学生スパイ団事件」に巻き込まれ、無期懲役の宣告を受けたのです。当時の留学仲間のひとりが、帰国の途に平壌《ピョンヤン》を訪問したのがことの発端でした。わたしは、その友人とつき合いがあった、いっしょに討論などをしていた、という理由で安企部に連行され、あらゆる拷問を加えられたのち、スパイに仕立てあげられて、厳しい刑を宣告されたのです。

出口の見えぬまま刑に服していたところ、政権交代によってようやく社会復帰しました。十三年二か月めのことです。刑務所のなかで多くの変化を経験し、出てきてからは田舎で農業を始めました。そこへ、長きにわたってわたしの釈放運動を展開してくれたアムネスティ・インターナショナル（国際的な人権擁護団体）から、ふいに招待状が届いたのです。その機会に、ヨーロッパを訪れて社会を観察し、以前からの夢であった研究もしてきました。帰国して、一か月半ほどになります。おもにイギリスに滞在していたのですが、イギリスに到着してすぐ読んだ本は、みなさんもよくご存知のジャン・ジオノの『木を植えた男』でした。この本こそ、今後、わたしの残された人生を導いてくれる本になると考えています。

農業の産業化がもたらしたもの

雑草とは何か、そして、雑草の捉え方ひとつで、この世のなかは変えてゆける、そういったことをお話ししたいと思います。雑草という漢字は、「雑多な草」という意味を持っています。学術書をひも解くと、英語では数十種類もの定義が出てきます。そのうち、もっとも代表的な定義をいくつか挙げると、「望まない場所に生えたあらゆる草」、あるいは「不適切な場所に生えた不適切な草」とこんな感じです。これは、草に対する徹底した人間中心的定義といえます。

「わたしが植えたものは作物で、わたしが育てて食べるものもまた作物だ。おまえはわたしが育てて食べようとする作物の栄養を横取りし、栽培の邪魔ばかりする。つまりおまえは、わたしの利害に一致しない敵なのだ。わたしが生きるために、申し訳ないがおまえたちには死んでもらう」

これが、こんにち農業を営んでいる人びとの雑草に対する一般的な心理といえるでしょう。だから、雑草退治のためとなると、引き抜き、刈り取り、薬を撒き、焼き払い、とにかくありとあらゆる手段を駆使しています。このような農業形態でも、少なくとも二〇世紀中盤に農業が産業化する以前までは、それほど問題にはなりませんでした。莫大な労力が負担となっていたくらいでしょう。ところが、産業化した農業は、雑草を撲滅させるためにとんでもない量の農薬を撒きはじめたのです。その結果、どうなったでしょうか？　長々と説明するまでもなく、有名なレイチェル・カーソンの『沈黙の春』において、問題の本質に迫る描写がなされています。農薬をばら撒いて雑草を取り除いた結果、あらゆる草や植物が姿を消し、その草の種を食べて生きている野生動物や鳥たちもみな死んでゆき、ついには地上から鳥の声が途絶えてしまう、こんなストーリーです。これは、小説のなかのできごとではなく、実際に世界のあちこちで起こり、今でも起きている現象なのです。

たとえば、アメリカなどでは、一九五二年頃まで、耕作地のせいぜい一〇パーセント程度しか除草剤は撒かれていなかったといいます。ところがこんにちでは、耕作地の九〇パーセントに農薬が散布されているのです。これは何を意味しているでしょう。広大な大地に撒かれた農薬は、どこにいくのでしょうか?

結局は、みなわたしたちの口に入るのです。そして、農薬を撒いて雑草を除去する行為は、さきほどお話しした環境汚染や食品汚染といったことより、さらに深刻な問題を引き起こすのです。それが、生物種の多様性の問題です。わたしが生態学に足を踏み入れてから、背筋の凍る思いで学んだのがこの問題でした。生物種が、地球上から顕著に消えていっているというのです。そして、そのいちばんの原因が農業にあるのです。本来、植物こそがこの大地の主でした。地球上に、動物が生きられる条件を作り出してくれているのが植物なのですから。ところが、ある日突然、人類が現れて野菜を植えはじめ、もともとの主であった草をことごとく締め出したのです。追い払われたのは草だけでなく、その草を食べて生きているあらゆる動物、生物すべてが含まれていました。その結果、この地球上から生物種が著しく減ってきたのです。報告によると、たった一日で、何百種もが姿を消しているといいます。

損なわれた種の多様性

深刻なのは、これら生き物だけではありません。作物の種《しゅ》も、激減しています。たとえば、インドなどでは農業が産業化する以前には、稲の種類だけでも三万品種は栽培されていたといいます。ところが、一九六〇年代に始まる「緑の革命」を経た今、栽培されている稲は十二品種にしかなりません。豊富にあった品種は、どこへ行ってしまったのでしょう? 種子というものは、一年植えなければその次からは入手できなくなります。続けて栽培しなければならないのです。

こんな事態を招いた原因は、農薬を撒く農業、単作による農業にあります。これが、巨大な社会システム、すなわち資本主義システムと一体化しているのです。つまり、近年よく耳にする「スーパーマーケットシステム」です。スーパーマーケットというところは、品種の多様性とは関係なく、ひたすら売れゆきのよいものだけを並べ、あまり売れないものは、容赦なく切り捨てます。市場から注文がこなければ、農民は生産しなくなります。生産しなければ、どうなるでしょうか？　種が絶えてしまうでしょう。イギリスで驚いたのは、スーパーに一歩入ると、はるか熱帯で生産されたものからイギリスで生産されたものまで、商品が豊富にあることでした。ところが、注意深く見てみると、食品加工産業が発達しているのであって、作物の種が多いわけではありません。作物の種は、著しく減少しています。産業農業を始める前までは、農作物は百種から三百種あまりもあったといいます。ところがこんにち、スーパーマーケットを中心に出まわっている商品システムを見ると、わたしたちが口にする野菜の種類は二十種にも満たないのです。つまり、わたしたちの目には多様に映る商品も、生物種が増えているのではなく、食品加工産業の発達によりそう見えるにすぎないのです。こうした現象は、紛れもなく緑の革命によって起きたものです。緑の革命についてよく知らなかった頃のわたしは、「緑」もいい言葉だし「革命」もいい言葉なのだから、そいつは早いとこやってしまわないと、などと考えていたものです。

緑の革命とは、ひとことでいえば、生存のための農業を資本主義システムに編入させたものといえます。アメリカを筆頭に、いくつかの先進国の実験室で多収穫品種を開発し、それを全世界に広めたのが緑の革命なのです。農民たちが受け取ったのは、多収穫品種の穀物ひと握りでしたが、ここに包括的な社会システムがすべて付随して入っていました。その多収穫品種ひとつを栽培するために、肥料が必要となり、農薬が必要となりました。そして、多収穫品種は大量の水も必要とします。ですから、灌漑水路も整備しなければならず、大型農機具も導入しなければなりません。さらには、こうした複雑なシステムの運用法を指導する農業指導員も招致しなければなりません。入ってきたのはたったひと握りの種子でしたが、じつはそこに、先進国で作られた巨大な社会システムがみな含まれていたのです。これを、第三世界の政府はみずから率先して推進しました。確かに生産量は数倍に増えたものの、第三世界の政府や農民たちには借金を返済する手立てもなく、すっかり借金地獄に陥ってしまいました。これが加速化したものが、こんにちのWTO（世界貿易機関）体制です。結果的に、除草剤を使用する、草を除去する慣行農業は深刻な環境汚染を招き、食品汚染を招き、生物種の多様性を破壊しました。

必要としているから草は育つ

では、わたしたち生態主義者は、雑草をどう捉えるべきなのでしょうか？　もちろん、生態主義にもさまざまなスペクトラムがあるので一概にはいえませんが、基本的に人間と他の生物種は同等である、他の生物種も尊い価値を持つものと捉え、雑草に対すべきだと思います。実際、雑草の立場からすれば、自分が雑草と呼ばれるなど心外でしょう。けったいな作物を植えつける代わりに自分たちを根こそぎ除去しようとする人間の行為は、雑草にとって耐え難い屈辱なのです。

イギリスのある雑草研究者が、雑草の理想形について次のように言及しています。「理想的な雑草とは、やたらとでかく、生長のスピードが速く、みっともなく、役立たずで、蜜もなく、野性的な魅力もなく、数が多く、すぐに繁殖し、まずく、トゲが多く、アレルギーを引き起こし、毒性を持ち、鼻を突くような悪臭を放ち、瞬く間に葉が生い茂り、栽培が難しく、除草剤への耐性が強く、根がごつごつとしているものだ」。こんな具合に、雑草に対してあらん限りの憎まれ口を叩いています。このように、雑草をすっかり悪者に仕立てあげてことごとく殺してしまい、空いた場所に、色白で向こうが透けて見えるような野菜だけを植え育て、食べてきたのです。これが、こんにちの農業です。

しかし、現代を生きるわたしたちにとって、これは非常になじみ深い考え方です。西欧の帝国主義者たちが第三世界を侵略するとき、まさに同じ方法を使ったのです。自分たちの文明がいちばん先進的で人間的で民主的で、これぞ人間の文明が進むべき方向だ、こう定義しておいて、ほかの第三世界の文明には、さきほどの雑草のように、あらゆる悪のレッテルを貼りました。そうして、進歩という名のもとに、これらを根こそぎ消滅させようとしたのです。これこそ、現在、帝国主義に支配されている世界秩序の実像です。そして、これを農業に適用すると、雑草を除去する、除草剤を使用する農業となるのです。最近の西欧では、こうしたものを「生態学的帝国主義」といって、歴史という観点から研究している人びともいます。

一度、考えてみましょう。地球上で、これまで知られてきた植物種――もちろん、いまだ知られていない植物、名づけきれなかった植物種のほうが多いのですが――は、約三十五万種もあるといいます。その植物のうち、人間が栽培して食べているものは約三千種。差し引いて、ほぼ三十四万七千種の植物を雑草だといって抹殺する、そんな愚かなことを現代の人類は試みているのです。何を根拠に、雑草などといえるのでしょう。だからわたしは、野草と呼んでいるのです。

野草は、それぞれが独自の価値をもっています。わたしは、「雑草」について学ぶ過程ですばらしい定義を発見しました。エマーソンという研究者が定義したものです。「雑草とは、その価値がいまだわたしたちに知られていない草を指す」。これぞ、真髄に迫る定義です。もちろん、ここにも人間中心的な臭いがしないでもありませんが、非常に謙遜した態度で野草を理解しようとしていると思います。確かに、雑草について、いまだよく知られていません。しかし、わたしたちはこの雑草のおかげで生きていられるということを胸に刻みつける必要があります。むかしの農民たちは、こうした点をよく理解していました。だから、彼らは畑に生えてくる雑草をむやみに抜いたりはしませんでした。長年にわたって農業を営みながら、雑草の特性について研究し、食べられるものと食べられないもの、そして食べられないもののなかでも生活に役立つものを区別して、それぞれに適した用途で活用してきたのです。たとえば、堆肥にするだとか、ほうきを作るだとか、各種の生活用品を作って利用したのです。ところが、こんにちではどうでしょうか？　産業化されてからというもの、こうした生活用品は、みな商品として売られています。縄の代わりにナイロンの紐を使い、わらぶき屋根の代わりにブリキの屋根を載せる……。こんな具合なので、野草を活用する必要がなくなってしまったのです。

野草が生長してゆくようすをじっくり眺めてみましょう。けっして、意味もなくそこに芽生えたわけではありません。よく言われることですが、神がこの世を創造されたとき、不要なものなどひとつもつくられませんでした。野草も同様に、すべて自然が、その大地が必要としているからこそ、その場所で育っているのです。たとえば、ある野草などは、痩せた土壌に生を享け、その土壌に栄養分を供給するため、地中深くまで根を下ろし、地中の岩盤からミネラルを吸い上げて土壌を肥沃にしています。

こういうことを、若い世代の農民はあまり知らないようです。空気中から必要な無機質を吸収して、土壌に送り込む草もあるのです。また、草をことごとく引き抜いて更地にしてしまうと、雨や風による土壌の流失が加速化します。大地は土壌浸食を嫌いますから、自分を保護するために、雑草を、草を生やすのです。それ以外にも、人間が知らずにいる数多くの理由が存在します。わたしたちは、まだそれらすべてを解明できずにいるのです。無知な者は勇敢だと言わんばかりに、いま現在の農業は営まれているのです。

生態主義は身体からはじまる

いざ刑務所に入って最初にぶつかる壁は何かというと、たったひと坪の部屋で生活する、ということでした。することが何もないまま部屋に独り座っていると、出会うことになるのが自分の身体です。自分の身体のほかには、何もないのですから。今は亡き詩人、金南柱《キム・ナムジュ》の作品に、こんな一節があります。「牢獄に入ったことのある人なら知っている。牢獄には、独房には、すべきことがまったくないということを。独房に座り込み、自分の身体の一部を手にとって揺すること以外には、すべきことが何もないのだ」。実際、そうなのです。だから自然と、自分の身体を観察することになります。ほかにはすることがないのですから。いったい、この身体がどこから来て、どんな格好をしていて、どう反応するのか、そんなことを観察するようになります。わたしの生態主義は、ここから出発しました。野原に出て自然を観察し、鳥と戯れているうちに生態主義者になってゆくのではなく、生態主義者は自分の身体から出発するのです。

わたしたちは、現在、あまりにも多くの物に囲まれていて、自分の身体を観察する機会がありません。あふれるほどの情報に翻弄されて、自分の身体がどんなようすなのかも知らないのです。わたしは、運よくも刑務所に入れたために、そんな機会を得ることができました。

「몸〔ハングル文字。発音はモム。身体という意味〕」という文字を、よく見てみましょう。「口」があって、点があって、横線があって、また「口」があります。わたしは、これをこう解釈しました。最初の「口」は空、「点」は人、「横線」は大地、すなわち自然。最後の「口」はMの終声〔この文字の、韓国語の発音〕と。では、この解釈を念頭に置いて、座ったまま静かに天地と自分と大自然に想いを巡らせながら、ハミングのようにMの音を出してみてください。「M——」と。すると、振動が起こります。この振動のなかで、天地と自分がひとつになるのです。これが、自分の身体です。自分の身体のなかに振動が起こるや、天地万物がひとつになるのです。このことを悟った瞬間から、世のなかが違って見えるようになりました。ひと坪の部屋のなかで、わたしが宇宙なのだなあ、と。以前なら、部屋のなかにハエなどが飛んでくると煩わしくて追い払っていたのですが、ああ、あいつもわたしの身体の一部なのだ、と思えて対話するようになり、クモ一匹が糸にぶら下がって降りてくると、ああ、こいつもわたしの身体の一部なのだなあ、と思うようになりました。自分が接しているあらゆるものを、自分の身体の拡がりとして認識するようになったのです。

もちろん、刑務所に入ったからといって、すぐにこんな考え方になるわけではありません。人間の考え方というのは変わるのにとても時間がかかるものです。これを悟るまでにも、塀のなかで五年という歳月を費やしました。その五年の歳月がどんなものだったかというと、どうにも悔しくてやっていられない、スパイまがいのことすらしたことがないのにスパイの罪を着せられて無期懲役に服しているなんて。どんな手段を使ってでも、このやりきれなさを主張していくべきだと考えて、この場ではとても語り尽くせない、ありとあらゆることをしたものです。ハンストをし、密書を送り、万歳と叫びもし――あの当時、独房に閉じ込められていようがどこにいようが、金《キム》・日成《イルソン》万歳と叫びさえすれば、無期懲役囚にも追加懲役三年が科せられました。騒ぎを起こしてでも、再び法廷に立つことさえできれば無実を主張できるのではと考えたのです。ところが、あらゆる抵抗は失敗に終わりました。それどころか身体までぼろぼろになってしまったのです。当時のわたしは、慢性気管支炎に腰痛に歯痛にと、ひどい状態でした。そんななか、さきほどのような身体の悟りを開き、自分の身体を治すために自然療法を始めたのでした。一日一時間与えられる運動時間に外に出て、運動場に生えている草を見ては、ああ、こいつもわたしの身体の一部なのだなあ、とじっくり草々を観察し、健康のために食べるようになりました。そうして、それらの草を一つひとつ育てては、観察し、また食しながら、自分でも気づかぬうちに生態主義者となっていったのです。

書き留めたものは外へ

わたしは、安東《アンドン》刑務所で七年間を過ごしました。当時、刑務所長から特別許可を得て、運動場の片隅に自分の花壇を造り、そこを野草園にしました。野草園を維持するのは、非常に骨が折れました。なにせ刑務所は、いっさい草を生えさせないところだからです。草が生い茂ってしまうと、服役囚がそのなかに紛れ込んで脱出を図るかもしれないので、草が生えてきたら、ただちに引き抜いてしまうのです。構内の清掃をする服役囚の集団があるのですが、その人たちは毎日のようにほうきやシャベルを手に歩きまわって、草を引き抜くのが仕事です。そんななかに野草園を造ったのですから、はじめはこの人たちも「なんだ、花壇に草が生えているぞ」と言ってひとつ残らず抜いてしまったものです。わたしは「これは育てているものだから抜かないでくれ」と根気強く彼らを説得するほかありませんでした。のちには、わたしが精魂込めて草の手入れをし、育てているようすを目のあたりにして、この仲間たちも理解を示し、野草園には手を出さなくなりました。

むかし、刑務所から書き送った手紙を見てみると、そこで育てた草に関する記録が残っていました。ざっと八十種ほどになります。これらは、ただ植え育てたのではなく、一つひとつ植物誌に記録しました。ただし、刑務所では自分が書いたものを所持していることは許されません。出るときに取り上げられてしまうのです。そこで、何か思いつくと、手紙に書き記して外に送っておくわけです。わたしも、当時、刑務所で考えたことをみな書き留めて、手紙として送りました。

みなさんは、刑務所には草がそんなに多いのか、と思われるかもしれませんが、そうではありません。すべてかき集めたところで、せいぜい十種類あまりです。わたしが百種近くの草を育てられたのは、長期囚には年に一、二回、社会適応訓練の一環として「社会見学」があったからです。いわば、小学校の遠足のようなものです。付近の寺や観光地に繰り出して、外の空気に触れるのです。ほかの仲間は寺や道ゆく人びとを眺めてキョロキョロしているのですが、わたしはひたすら地面を見つめて歩きました。新しい草はないかと思って。そうして、目新しい草を見つけると、さっそく引き抜いてポケットにつっ込むのです。戻ってから、それを花壇に植えて育てたものが、百種あまりにもなったわけです。

自然農法の創始者である福岡正信《ふくおかまさのぶ》氏は、草の種を蒔きます。また、野菜を育てて食べるのではなく、野生化した野菜畑を造ります。食べられる野草の種と、既存の野菜の種、たとえばハクサイやダイコン、こういったものを混ぜこぜにして適当に蒔くのです。そして、放っておきます。すると、一風変わった野菜畑になります。そうしておいて、その日に食べたいものを採っては食べるのです。そればかりか、これらは、お茶、薬酒、薬剤などにも活用できます。刑務所でのわたしの部屋は、たくさんの本だけでなく、とにかく物がいっぱいでゴチャゴチャしていました。季節ごとに野草を摘んできては乾かし、それをビニール袋に詰めてずらりと吊るしていたのです。十種類ほど乾かしておいて、気が向いたときに茶をいれます。そのおかげでわたしの健康は維持できました。野草を研究して草の特性や味がわかるようになると、コーヒーなどは要らなくなります。野草茶を作っておき、気分に応じて、たとえば今日はちょっと落ち込んでいるというときには憂鬱な気分に合う茶をいれ、楽しい気分のときには愉快なときに飲む茶をいれるのです。これは、自分で学びとることができます。その過程で、わたしは野草に関するさまざまな本を読み、勉強しながら自分なりの体系をつくりあげました。この過程自体が、楽しいのです。

農業を商業主義から解放しよう

そろそろまとめに入りましょう。

野草を利用した農業をするためには、まず第一に、自然農法を実践しなければなりません。

第二に、どうしても必要であれば、選択的な除草をします。自分が植えた作物に直接的な害を与える草だけを取り除くのです。取り除いても、直接的な害を与えないものは、その場に置いておきます。それを別の場所に持ち出してはいけません。放っておいたからといって害にはならないのですから。それらはみな、作物にとって利益となります。そこには、作物に害を与える害虫と益虫がいっしょになってすんでいるため、自然と均衡が保たれて、結果的には作物や人間にとって有益となるのです。

第三に、野草の多彩な用途を開発する必要があります。

この三点が、野草とともに営む農業の基本といえましょう。

では、こんにちのＷＴＯ体制下で、どうすればこうした農業を営むことができるのでしょうか。韓国政府が今、期待を寄せている政策は、国際競争力を高めるために農地を少数に集中させて企業農をするというものです。しかし、アメリカやオーストラリアのように広大な面積を巨大な機械で耕作している国に対抗し、この国でいくら企業農を試みたところで価格面で競り合えるはずもありません。韓国は、ＷＴＯ体制において既存の農業方式ではとうてい持ちこたえられないのです。このことを、率直に認めるべきです。

わたしは、これはじつによいチャンスだと考えています。この機会に、農業を商業主義から解放しよう、商業主義農業はもうやめよう、という発想です。全国で個別、あるいは共同体別に農業を営んで互いに分かち合おう、これがわたしの主張です。つまり、全国の市民団体や個人は、農業問題に対して、国の問題ではなく自分自身の問題と認識すべきなのです。あらゆる市民団体は、民主労総もしかり、全教組もしかり、経実連もしかり、自分たちなりの「生態農場」を持つべきです。農業チームを編成するのです。そして、これを生協などの消費者組織と結びつけて互いに融通し合います。いや、市民団体で農場を所有していれば、わざわざほかの生協の協力を求めるまでもありません。自分たちの組織自体が生協となるからです。「農業問題は自分の力で解決する。自分が食べるものには自分で責任を持つ」。今後、残された道は、これしかないと思います。農業を、商業主義から解放するのです。

予定の時間をオーバーしてしまいました。わたしの経歴自体が特殊なものですから、主張も突飛なものに聞こえたかもしれません。ただ、それでもわたしが卑下しないのは、人類の歴史というのはこのように、お話にもならないような理想主義的な発言をする人物、理想主義的な考えを持つ人びとがいたおかげで、なんとか堕落への道を突き進むことなく発展を続けてこられたと信じているためです。そうした信念のもと、今後も理想主義的に生きてゆくつもりです。今日をもって創刊十周年を迎えられた『緑色評論』と読者のみなさんこそ、わたしの同志であり、また師であると考えて、新たに生を享けた人生への第一歩を踏み出す所存です。この先、こうした世のなかを創り出すために少しでも寄与できたらと願っています。みなさまの多大なるご指導、鞭撻をお願いして、本日の講演を締めくくりたいと思います。

〈緑色評論創刊十周年記念式典〉記念講演。『緑色評論』第六二号（二〇〇二年一、二月号）所収
〔『緑色評論』は韓国の環境問題におけるオピニオンリーダー的雑誌〕

一歩下がって足元を覗けば

昔ながらの石垣に沿って村の上へと登っていくと、こぢんまりとした貯水池（ため池）が目に入ってくる。まれに見る美しい貯水池だ。貯水池へと流れる渓谷に沿ってさらに先に進むと、うっそうとした松林が道を遮る。コンクリート造りの刑務所の独房で十三年と二か月を過ごしたわたしは、山と谷と木が生い茂るこの場所に土の家を建てて末長く暮らしたくなった。その足で町へ向かい、中古のコンテナ一台を買ってきて大きな松の木の下に置き、山奥での暮らしをスタートした。

やむを得ない事情で山を降りて過ごした数年を除いたとしても、十年以上の歳月をここ全羅道霊光《チョルラドヨングァン》で暮らしている。山奥に小さな農場を営みながら、今は地域コミュニティーでさまざまな役割を担っている。いちばん大きな仕事は、地域にある核発電所（原子力発電所）六基を監視しながら、究極的には閉鎖へ持ち込むための住民運動だ。その他にも地域の代表的な女性運動グループの理事と、村の発展推進委員長を務めている。もちろん一人でこれらの仕事をすべてこなすことなどできない。自分の役割を探して、しなければならない仕事だけを担っている。それでも、なかなか手が回らず、農場はいつも草が生い茂っている。しかし、いくら農場以外の仕事が山積みで忙しいとはいっても、わたしがいちばん幸せを感じる時間は、畑仕事をしている瞬間だ。自然農法とはいうけれど、自然と人為の狭間でいつも葛藤している。果たしてどこまで手を加えるのが全体のためになるのか、未だ正確なポイントを見つけられずにいる。ひょっとしたら自然農法とは、そのポイントを探すための果てしない努力なのかもしれない。それでも雑草の生い茂る畑のなかで、思いのままに育っているほとんど野生化した野菜を見つけると嬉しくてたまらない。大した量はないけれど、その味のなんと美味しいこと！

現在、わたしの時間の半分以上を原発問題が占めている。原発から遠く離れた場所に住んでいたなら、こんなに懸命にはならなかったはずだ。わたしが暮らしている地域は、原発から直線距離で二十キロメートル。恥ずかしい話だが、この場所に移り住んだ当初は原発があることすら知らなかった。のちに原発がきわめて重大な地域問題であり厄介な代物であることを知ってからは、内心、原発と関わりたくないという思いで自分の仕事に没頭した。そのころは、生命平和運動を共にする僧侶と全国托鉢巡礼をしていて、地域の活動に関わることはほとんどなかった。生命平和運動とは何かに反対するための運動ではなく、内面の平和によって生み出される肯定のエネルギーで生産的な活動をするものだ。このような哲学思想は、地域の共同体運動と生態系の平和運動という形で表面化する。生命平和運動グループの委員長の任期を終えて、本格的に地域共同体の活動に没頭しようと考えていたころ、福島の原発事故が起きた。この知らせに驚いたヨングァン地域の反核運動家たちが一堂に会し、それまで休眠状態にあった反核運動の再整備が話し合われた。わたしもまた、とても心配になってその集まりに参加したところ、よそ者でありながら、いきなり新しい組織の代表を引き受けることになってしまった。反核運動の経験もないけれど、社会運動家としての知名度がその理由だった。

代表を承諾するにあたって、わたしはいくつかを提案した。ひとつは「反核」や「脱核」という言葉を使わないこと。なぜならばその言葉を使うと、核を肯定的に捉えている半数の住民たちを排除した運動になってしまうからだ。ふたつ目は相手を尊重して絶対に罵倒しないこと。みっつ目は必ず根拠を持って判断し、自ら代案を提示することである。こうして、住民全員が同意できるよう「原発の安全性」を中心に据えた結果、新しい組織は「ヨングァン原発安全性確保のための共同行動」という長い名前を持つこととなった。何をするにせよ、わたしたちはそれが原発の安全につながるのかという観点でアプローチしている。

六年近く活動した結果、今は韓国にある五か所の原発所在地域のなかで、最も強固な脱核グループとなり、同時に地域の社会団体を網羅した「ヨングァン原発汎国民対策委員会」もスタートした。しかし、グループの長を務めていると、自分の意見とは異なる決定と行動をせざる得ない場合がたびたび生じる。そこで最近は、高レベル核廃棄物施設の施設誘致の問題をきっかけに、新たに「ヨングァンエネルギー転換推進本部」なるものを発足することになった。脱核運動の究極の目標は、原発のない「エネルギーの自立」だからだ。これこそが、今後「エコビレッジ運動」とともに、わたしが生涯をかけて地域に貢献していく活動だと思っている。

生まれ育ったソウルを捨て、四百キロメートルも離れた全羅道の田舎でわたしが暮らす理由は、産業化から疎外されたこの場所で、自然と人間が調和して生きる地域共同体を作りたいと願ったからだ。よそ者が受け入れられない田舎での活動は決して容易ではなかったけれど、原発の安全性のために献身的に活動した結果、今は地元住民として認められ、何か提案すれば少なくとも耳を傾けてもらえるくらいにはなった。

ところで、最近の若者たちは都市で仕事を得られなければ死んでしまうとでも思っているようだ。でも、生きていく方法は人の数ほどたくさんある。わたしは彼らに、社会のなかで社会とともに暮らしながらも、自然環境と調和・共存する生き方ができるのだということを見せてやりたい。依然として産業化に頼った開発主義者がはびこる世の中だけれど、結局いつかは土を拠り所とした文明へと還っていくはずだ——そうならなければ人類文明は消えてしまう——、どうせなら競争に追われて滅亡へ向かって生きるよりも、希望に向かって生きる道を選ぶ方がはるかによいとは思わないか。

わたしの言葉には頷きながらも、人びとがこれまでの生き方から離れられないのは、現代産業文明の強い「中毒性」のせいだろう。歴史上、数多くの文明が明滅してきたなかで、現代産業文明ほど中毒性の強い文明は他になかった。中毒は現代人の日常生活のあらゆる場面で目にすることができる。便利中毒、仕事中毒、スピード中毒、仮想現実《バーチャルリアリティー》中毒など。わたしはこれらの強い依存性を「一種の病」とみなしている。

都会のマンションにこもって、原発で生産された電気で便利な生活をする人たちは、その電気が地域社会と自然にどのような被害を及ぼし、どのような過程を経て自分の元までやってくるのか想像することすらできない。ひとたび便利さに飼い慣らされてしまうと、それを手放すことは不可能に感じられる。彼らに、エネルギーを自ら作って暮らそうと話そうものなら、「頭のおかしい人間」扱いをされるだけだ。とくに都市で生まれ育った若者たちに「エコロジー」について説明するのは骨の折れる仕事である。そこでわたしは数年前から、現代産業文明に疑問を持ちはじめた若者たちが新しい暮らしと文明を自ら探し出して経験できるよう、「自給自足学校」を作りはじめている。学校の空間が完成次第、開校する予定だ。

激しい民主化運動の時代に学生生活を過ごしたわたしが、もし刑務所に入っていなかったら、知識を売って生計を維持する社会派の知識人としての人生を送っていただろう。数年だけ刑務所で過ごしたとしても、それはあまり変わらなかったはずだ。しかし、想像すらできない罪名に無期懲役という量刑は、それまで自分が持っていた世のなかへの観念を根本から見直すきっかけになった。助けてくれる人など誰もいない独房でもがいた末に身体を壊し、死の影がちらつき始めたある日、ただ生きるために刑務所の庭に育っていた雑草をむしって食べ始めた。絶体絶命の瞬間に藁をもつかむ思いでとったこの突拍子もない行為が、わたしの人生を大きく変えていった。

英語に「You are what you eat」という言葉がある。何かを食べるということは、それとひとつになるということだ。ほぼ毎日、草を食べているうちに、自然と草を研究するようになり、草のなかに生きる小さな生き物たちと親しくなっていった。誰も目を留めることのない草と昆虫たちが見せてくれる生命の世界は、それまでわたしが人間界で積み重ねてきた知識がいかに偏っていて身勝手なものだったのかを教えてくれた。人間が誇らしく思っている文明というものは彼らの助力と犠牲の上に成り立っていて、わたしたちが今直面している生態系の危機もまた、彼らをわたしたちと同じ生命体として見つめ直さない限り克服できないことを学んだ。刑務所のなかで雑草の力を借りることで、わたしの身体は自然に治癒していった。それから今まで、一粒の薬も飲まずに健康を維持している。刑務所の外で暮らしていたなら、おそらく病院に出入りしながら一生を薬に頼って生きていたはずだ。同じように、わたしたちが自然主義的なライフスタイルへと立ち戻るなら、わざわざ大金を使わなくても危機に瀕した生態系を蘇らせることができると信じている。

生態主義の時代を迎えるためには、暮らしの場と仕事の場を自然環境に根ざしたものへと切り替え、自分が属している村をエネルギー自立型のエコビレッジへと転換し、さらには村が属している地域を循環型経済の自治区にしていく——。わたしははじめ、これらが段階的に成し遂げられるものだと思っていた。しかし、最も小さなわたし自身の暮らしの現場を変えていくことも、わたしの頭のなかに生態主義的な認識を植えつけることすらも、一度の生涯では足りない。これらすべては同時に進めなければならないのだ。適切なきっかけと流れのなかで、小さなこと、大きなこと、私的なこと、公的なこと、内部のこと、外部のことが互いに交差し、糸で布を織るように世のなかは成り立っている。この本には、エコロジー社会を作るための具体的な方法論が書かれているわけではないけれど、その道へと邁進しているひとりの三十代前半の人間の思考が、どのような環境でどのように変化していったのかが記されている。

四半世紀前に書いた文章がミリオンセラーを超えて今も愛され続けているのは、著者にとって光栄なことだが、まだまだ長い道のりを前に、より多くの読者に出会いたいという思いにかられる。とくに、産業社会の終焉段階にある日本に生きている若い読者たちと出会うと思うと、わくわくする。終焉とは新しい始まりに近いという意味でもあるからだ。たとえ今は、非正規雇用や高い失業率といった罠に掛かり出口を見失ったように思えても、一歩下がって足元に育つ雑草やその間を這い回る小さな昆虫たちを覗き込んでみれば、そこに、太古の昔から別の世界が存在していたことに気づくだろう。それはあらゆる生命が同等な関係を結び、協働と調和のなかで生きる世界である。わたしたち人間も少しだけ謙虚さを取り戻せば、彼らの仲間になって平和に生きることができる。草や小さな虫と友達になれる人なら、あえて他の存在を搾取せずとも幸せに暮らせるのだ。これが生命平和の世界である。

二〇一六年八月　ヨングァン・太清山《テチョンサン》の麓で

BAU　ファン・デグォン

〔翻訳：きむすひゃん〕

新版　訳者あとがき

不思議な縁に恵まれてファン・デグヴォン『野草手紙』を訳してからはや十二年。新版の報に接して、まず思い浮かんだのは「そこの土が必要としている草が、そこに生える」という自然農の思想でした。本書も、今の日本に必要とされているからこそ、再び日の目を見ることになったのでしょう。

わたし自身、本書との出会いを機に自然農の世界に足を踏み入れました。一ミリほどの小さな種が大きな野菜に育つことに驚き、せっかく出た芽を間引くことにためらう経験から始まって、苦手だった虫が愛らしく見えるようになった頃には、土のなかも人の体内も、微生物・酸素・水などのバランスで生かされている点で同じだと気づくに至りました。

また、お天道様のいたずらか、こんな経験もしました。ある夏の日に何気なく草取りをしていたら、突然「人類が滅びても草はまた生えてくる」という声が降ってきたのです。一瞬、うちの畑にファンさんがいらしたのかと思いました。当時のわたしは命よりも経済を優先する社会の風潮に鬱々としていたのですが、草の生命力に勇気づけられて前向きになれた瞬間でした。

野菜づくりから始まって、収穫物を使った料理、発酵食品づくり、そして草木染へと興味が広がった今では、日々の小さな喜びに感謝しつつ、自分なりに豊かな生活を楽しんでいます。あらためて振り返ると、ファンさんが本書を通じて「幸せの種」をまいてくれていたのです。

今回の出版によって、日本でも多くの方に「幸せの種」が届くことを心から願っています。

なお、訳出にあたり、著者の語る「生態主義」という言葉は、あえて「エコロジー」としませんでした。耳ざわりのよいエコ云々という言葉では、「地球に優しい」といったイメージだけで素通りしてしまうように思われたからです。

植物名や植物の生態に関する記述については、大阪市立大学附属植物園（当時）の山下純先生に監修していただきました。百四十種以上にもおよぶ植物について、日韓間の資料が不足するなか、非常に丁寧にご検証いただきました。ただし、疑問点が明らかになった場合でも、作品全体の雰囲気を考慮して注釈を加えなかった部分もあります。著者自身が述べているように、野草の研究者による文章ではないため、厳密さに欠ける記述もありますがご容赦ください。

植物名は、基本的に和名を使用しました。ただし、韓国名の由来や意味が文脈上重要と思われる場合にかぎり、韓国名を採用して、［　］内に和名を補足しました。また、二二一ページに引用されている『いにしえの未来~ラダックから学ぶ』は、日本語でも『懐かしい未来』というタイトルで出版されていますが、韓国語版から訳出しました。

何年にもわたり再出版をはたらきかけてくださった辻信一さんはじめナマケモノ倶楽部の方々、そして刊行を引き受けてくださった自然食通信社の横山豊子さんに、心より御礼申し上げます。

二〇一六年九月　台風一過の日に

清水由希子

本書は二〇〇四年三月、ＮＨＫ出版から刊行された『野草手紙』を改題したものです。

◆著者
ファン・デグォン（黄大権）
1955年ソウル生まれ。著述家。「生命平和（ライフピース）運動」活動家。ソウル大学農学部卒業。留学中の1985年、身に覚えのない容疑で逮捕され、1998年の特赦による釈放まで13年２か月、独房で過ごす。釈放後渡欧、ロンドン大学で農業生態学を学ぶ。2002年、獄中から妹にスケッチを添えて送った手紙が『野草手紙』として韓国で出版され、ベストセラーに。現在は農業と執筆活動のほか、全羅道ヨングァンの山中にてエコロジーと平和の運動を主宰。著書に『百尺竿頭に立ち』、『世界のどこにでも我が家はある』（共著）、『花より美しい人びと』、『ありがとう、雑草よ』等（いずれも未邦訳）がある。

◆訳者
清水由希子（しみずゆきこ）
1973年生まれ。東京都在住。翻訳家。横浜市立大学文理学部卒業。訳書に『９歳の人生』（河出書房新社）、『マイ スウィート ソウル』（講談社）、『世界を打ち鳴らせ―サムルノリ半生記』（岩波書店）等がある。

新版
野草の手紙　草たちと虫と、わたし　小さな命の対話から

2016年10月25日　第1刷発行

著　者　**ファン・デグォン**
訳　者　**清水由希子**
発行者　**横山豊子**
発行所　有限会社 **自然食通信社**
〒113-0033　東京都文京区本郷2-12-9-202
tel. 03-3816-3857　fax. 03-3816-3879
郵便振替　00150-3-78026
http://www.amarans.net/
印　刷　**吉原印刷**株式会社
製　本　株式会社 **越後堂製本**
編集協力　山家直子
ISBN 978-4-916110-49-7　C0036